YOKOI GUNPEI

横井軍平ゲーム館

RETURNS

横井軍平 プロフィール

(よこい・ぐんぺい／1941年9月10日-1997年10月4日)

元・任天堂株式会社製造本部開発第一部部長。1941(昭和16)年京都府生まれ。65(昭和40)年同志社大学工学部電気工学科卒業。同年任天堂に入社、翌年「ウルトラハンド」を開発し大ヒット商品となる。以後「ウルトラマシン」「光線銃SP」「ゲーム＆ウオッチ」「ゲームボーイ」「バーチャルボーイ」など、玩具・ゲームの世界でユニークな商品を数多く開発する。96(平成8)年同社を退職、株式会社コトを設立。バンダイの携帯型ゲーム機「ワンダースワン」の開発にアドバイザーとして参加する。97年、石川県小松市で北陸自動車道での追突事故に巻き込まれて死去。享年56。

写真：横井軍平

目次

第3章　ゲーム&ウオッチの発明　1980-1983

第4章　ゲームボーイ以降　1989-1996

第5章　横井軍平の哲学　1997-20XX

1967-1980

I アイデア玩具の時代

ウルトラハンド
1967（昭和42）年
アームハンドのシミュレーション。単純な仕組みで伸び縮みする点が受けて、ヒットした。

ウルトラマシン
1968（昭和43）年
子供用のピッチングマシン。発売時にテレビCMを打つなど、派手な宣伝で話題になった。

ラブテスター
1969（昭和44）年
ふたりで手をつないで、もう片方の手で端子を握ると、ふたりの愛情の深さがわかる!?

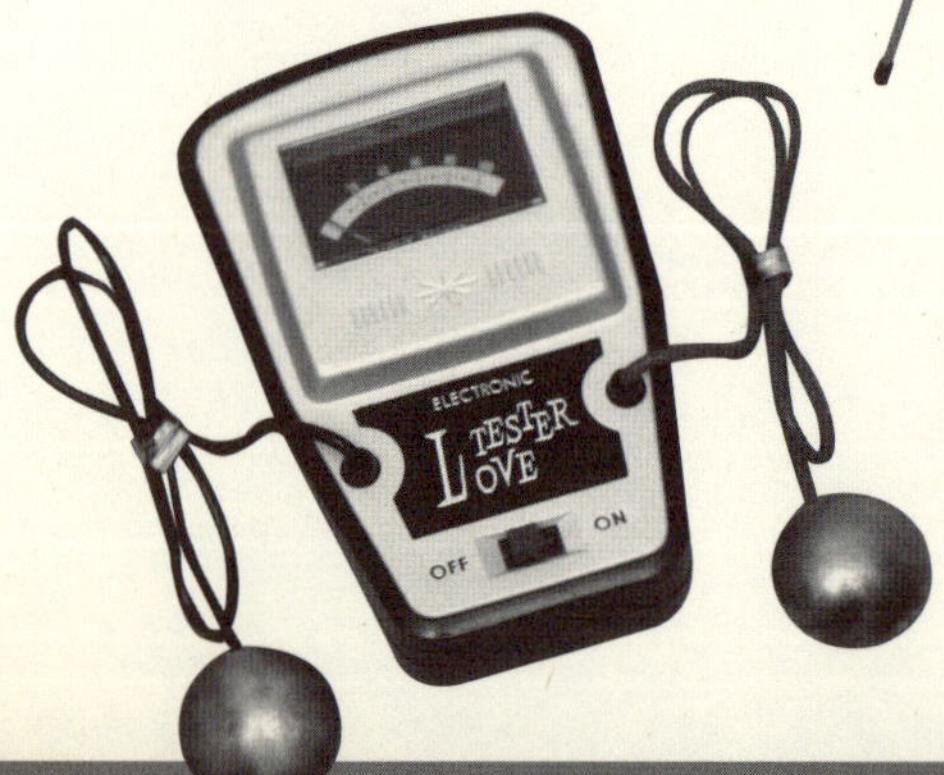

エレコンガ
1970（昭和45）年
5種類の打楽器の音が出る電子楽器。リズムパターンを記録したディスクで自動演奏も。

N&Bブロッククレーター

1970（昭和45）年

ブロックで戦車を組み立てて、
地雷の上を走らせると爆発！
逆転の発想が目を引く。

レフティ RX

1972（昭和47）年

当時流行のラジコンカーを
コストダウン。左にしか曲が
らないが、気分は本格派。

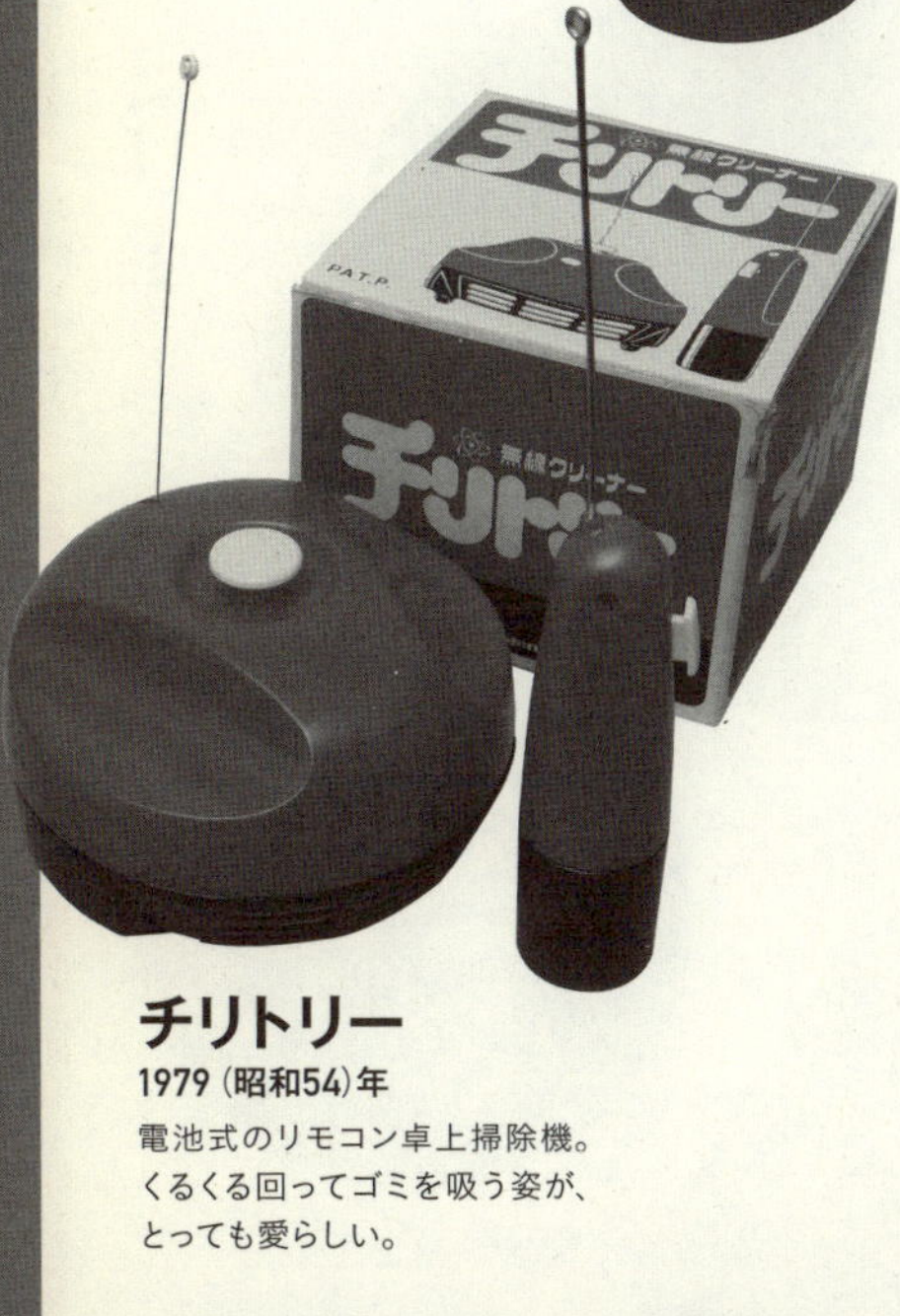

テンビリオン

1980（昭和55）年

ルービックキューブをヒントに
考えられた立体パズル。組み合
わせは100億通りを超える！

チリトリー

1979（昭和54）年

電池式のリモコン卓上掃除機。
くるくる回ってゴミを吸う姿が、
とっても愛らしい。

1970-1983

Ⅱ 光線銃とそのファミリー

光線銃SP

1970（昭和45）年

一世を風靡した光線銃シリーズ。ルーレットやポーカーなど、ターゲットの種類も多い。

ターゲットのいろいろ。
（上：ポーカー、右：ルーレット、下：ライオン）

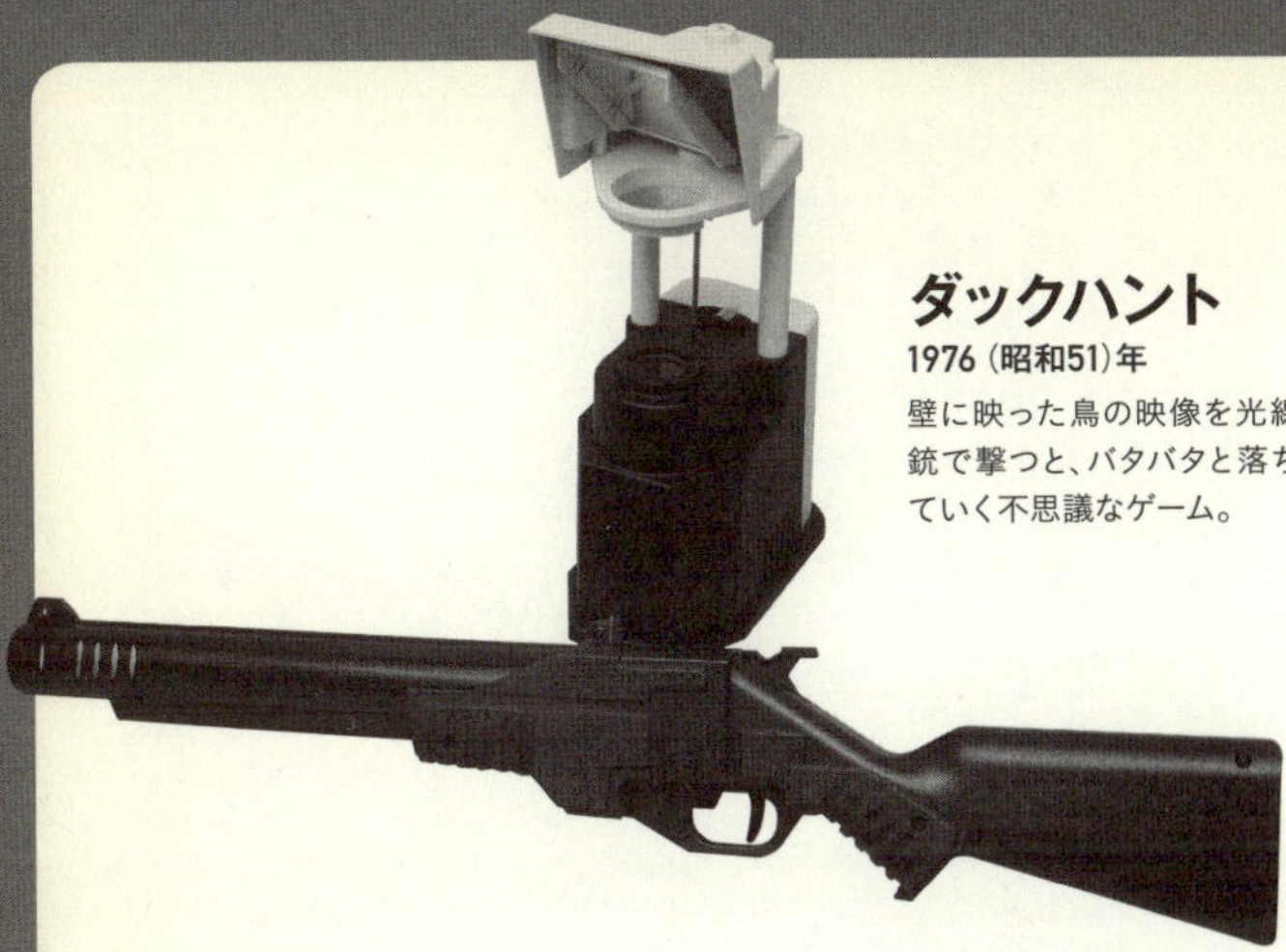

ダックハント

1976（昭和51）年

壁に映った鳥の映像を光線銃で撃つと、バタバタと落ちていく不思議なゲーム。

ブロックとジャイロ

1985（昭和60）年

画面でキャラクターを操作すると、ワイヤレスのロボットが動く。光線銃の技術の応用だ。

Ⅲ ゲーム&ウオッチの発明

1980-1983

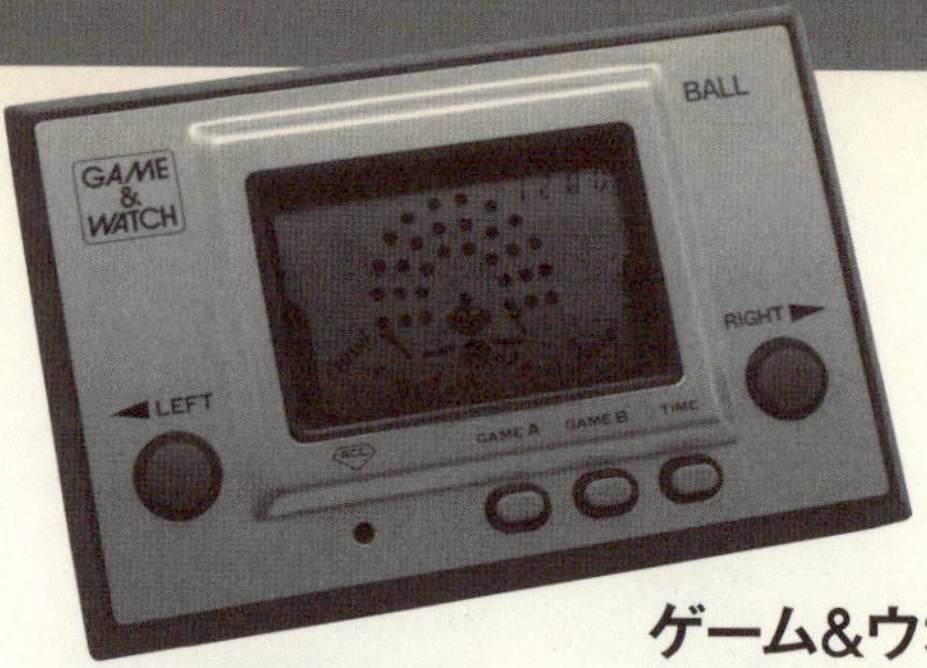

ゲーム&ウオッチ

1980（昭和55）年

世界初の携帯型液晶ゲームマシン。ミニテトリスもたまごっちも、すべての原点はここ。

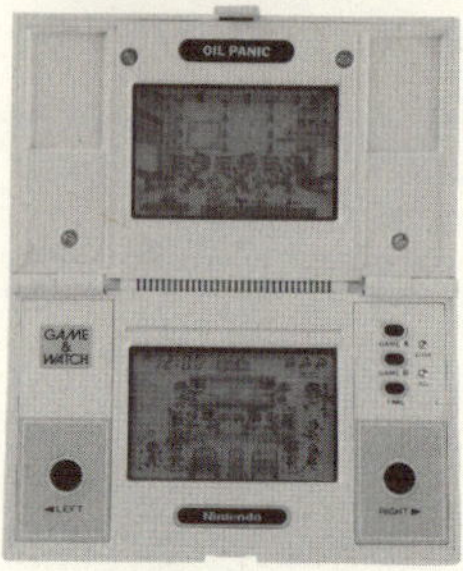

ゲーム&ウオッチ マルチスクリーン

1982（昭和57）年

ゲーム＆ウオッチは進化を続けて、２画面タイプやカラータイプなどが次々と生まれた。

ドンキーコング

1981（昭和56）年(業務用)

名作ドンキーコングも、最初は業務用として開発されていた。写真はゲーム＆ウオッチ。

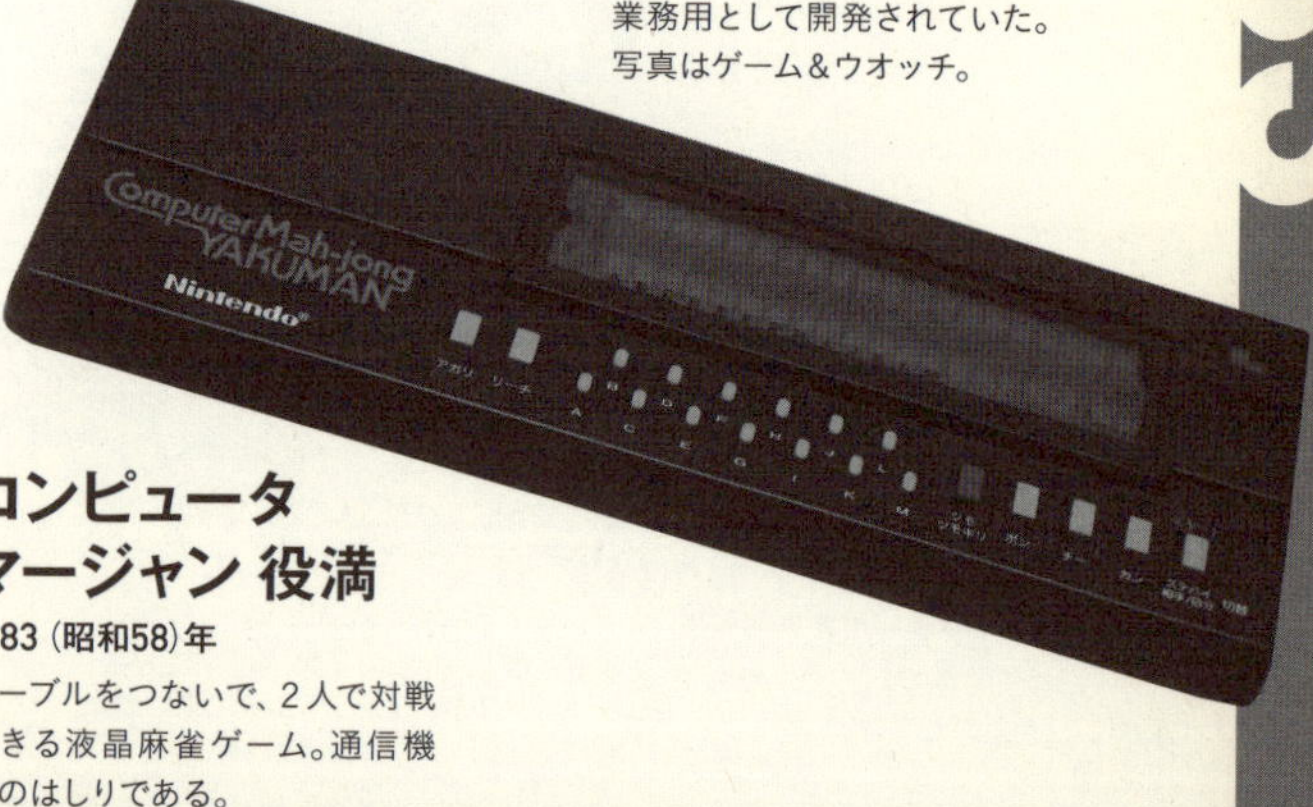

コンピュータ マージャン 役満

1983（昭和58）年

ケーブルをつないで、２人で対戦できる液晶麻雀ゲーム。通信機能のはしりである。

1989-1996

Ⅳ ゲームボーイ以降

ゲームボーイ

1989（平成元）年

ゲームマシンの名作。普及のきっかけは「テトリス」。

ドクターマリオ

1990（平成2）年（ファミコン）

医師に扮したマリオが、ビンの中に繁殖したウイルスを、カプセルを使って退治していく落ちものゲーム。

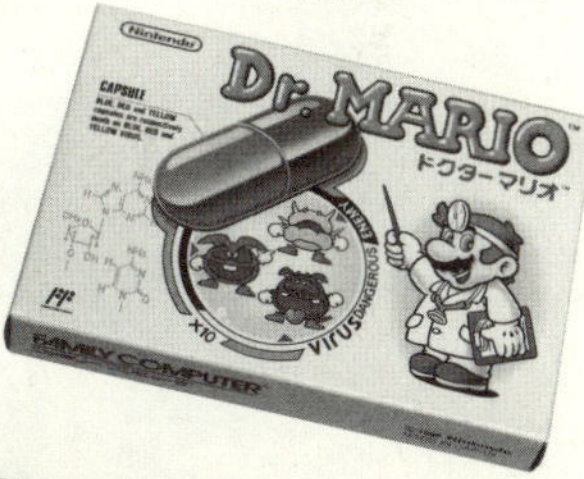

ヨッシーのたまご

1991（平成3）年

（ファミコン）

マリオをうまく操作してたまごを組み合わせると、いろんなヨッシーが誕生する。

ヨッシーのクッキー

1992（平成4）年（ファミコン）

次々に現われるクッキーを、同じ種類に揃えていくゲーム。

バーチャルボーイ

1995（平成7）年

LEDディスプレイで完全な立体空間を実現した、新しい発想の3Dゲームマシン。

凡例

・本書は横井軍平・牧野武文著『横井軍平ゲーム館』(1997年、アスキー刊)の改訂復刻版である。

・本書に記載した製品名は、任天堂株式会社および各社の商標または登録商標である(一部、通称で記載した箇所もあるが、その旨を明記した)。

・本書での横井軍平氏の発言は、アスキー刊『横井軍平ゲーム館』の取材時に発言されたものである。そのため本書では、現在時制と一致しない用語や人物の役職に関してには適宜注を付し、内容によって説明を加えたものもある。

・本書刊行に際して、アスキー刊『横井軍平ゲーム館』の内容を原則として踏襲しているが、用語や年代を一部改訂・加筆・付注し、図版、イラストは新たに構成し直した。

はじめに

牧野武文

本書は、1997年に刊行された『横井軍平ゲーム館』を復刻したものである。

横井軍平氏は、元任天堂の開発部長で、数々の名作玩具を世に送りだしてきた。ウルトラハンド、ウルトラマシン、ウルトラスコープといった「ウルトラ三部作」。そして、爆発的に売れた「光線銃シリーズ」。さらに、伝説の玩具となっている「ラブテスター」。そのどれもが、横井氏特有のアイデアに満ちた子供心をくすぐるものだった。これだけでも、じゅうぶん評価されてしかるべき人だが、横井氏は〝昔の玩具の人〟では終わらない。その後、世界初の携帯型液晶ゲーム「ゲーム&ウオッチ」を開発する。この「ゲーム&ウオッチ」は国内だけでなく、世界中で爆発的なヒット商品となり、任天堂は一気に優良企業にのし上がる。その利益を注ぎ込んで開発されたのが「ファミリーコンピュータ（ファミコン）」だ。その後、横井氏は「ゲームボーイ」を開発、対戦テトリスやポケットモンスターといったメガヒットを生み出す環境を作った。

私が、横井氏に入れ込んでしまうのは、アナログ玩具だけの人でもない、デジタル玩具だけの人でもない、両方で活躍した人だからだ。こういう人は、世界的に見ても、ゲーム業界以外の世界を見ても、極めて貴重だ。そろばん職人がコンピュータを開発した例は存在しない。靴をすり減らすことで注文を取ってくる営業マンで、ネットマーケティングに転身した人は極めて少ない。みんな、アナログからデジタルの谷を越えることができずに、世の中の総入れ替えが起こってきた。しかし、横井氏は、その滑落者が続出している深い谷を、口笛さえ吹きながら安々と渡ってしまっているのだ。当時アスキーに在籍していた編集者の榎本統太氏から、横井氏の話を聞いて、私はすぐに一耳惚れしてしまった。「会いたい。話を聞きたい」という話がすぐにまとまり、横井氏のもとに話を聞きに行った。そのロングインタビューをまとめたのが『横井軍平ゲーム館』だった。

めくるめくアイデアの宝庫

その内容は、読んでいただければわかるが、めくるめくワンダーの連続である。太陽電池と豆電球で作った光線銃、光を発しない光線銃、壁に映し出されたカモを撃つとちゃんと当たる光の魔法。そして、マリオを生み出した名作「ドンキーコング」での宮本茂氏との仕事。今日でも、任天堂取締役の宮本茂氏は横井軍平氏を「師匠」と呼び、尊敬しているという。横井氏はすでに他界されているが、墓標をデザインしたのは宮本氏だ。その墓標には、この『横井軍平ゲーム館』のために、横井氏がわざわざ描いてくれたイラストが使われている。

しかし、『横井軍平ゲーム館』という本の運命は幸運だったとはいえない。出版直後に横井氏が交通事故で亡くなってしまったのだ。「自伝的な本を出版してはいけない。寿命がつきるから」という業界にある格言が頭をよぎったりした。

しかし、あまりに面白く学ぶべきところの多い横井氏の話の寿命はつきなかった。復刊希望のリクエスト投票に基づいて復刊出版を行う復刊ドットコムでは、しばらくの間、常に上位にランキングされていた。権利関係の問題があって、復刊にまでこぎつけることはできなかったが。さらに、中古書籍を取り扱うアマゾンマーケットプレイスでは、一時期8万円のプレミアがついていた。なにかの冗談かと思ったが、在庫点数を見ると数人が購入したようだ。私のところにも「早く復刊してくれ!」というお叱りの声を多数いただいている。それが、フィルムアート社の方から声をかけてくださり、私としてはなんだかようやく義務を果たせ、すがすがしい気持ちで横井氏のお墓参りができる気分だ。そういうわけで、13年も経ってしまったが、おまたせしました！なのだ。

「枯れた技術の水平思考」をもう一度

なお、横井氏の話を「ゲーム業界の裏話」と小さく受け取ってはならない。横井氏の開発哲学は「枯れた技術の水平思考」というもの。先端技術ではなく、使い古された技術の使い道を変えてみることによって、まったく新しい商品が生まれるという考え方だ。現在の世界的ヒット商品には必ずといっていいほど、この「枯れた技術の水平思考」の要素が含まれている。例えばアップルのアイフォーンは、技術的には、アップルが昔から手がけてきたマックに、マルチタッチ液晶をつけただけのもの。任天堂のニンテンドーDSは、技術的には、ゲームボーイの液晶をペンタッチに変えただけのもの。そう言えないことはない。でも、まるで元とは違う商品になっていて、世界中の人の心をつかんでしまう。「枯れた技術の水平思考」は、先端技術で勝負するな、アイデアで勝負しろという教えなのだ。

実はこの「枯れた技術の水平思考」は、日本の産業界が強かったときのお家芸だった。だれが電熱器を応用すればご飯が炊けるなどと考えただろう。だれがモーターでシャツが洗えるなどと考えただろう。だれが再生しかできない小さな音楽プレイヤーが売れると考えただろう。日本は「枯れた技術の水平思考」で、一流国にのしあがってきたのだ。ところが、最近は「高品質、高性能、高い先端技術」を売りにしているが、ガラパゴス携帯電話の例を見てもわかるように、矛盾もでてきている。一方で、韓国のサムスン電子は「蚊取り機能のあるエアコン」をタイで大ヒットさせている。中国のハイアールは「芋も洗える洗濯機」を中国で大ヒットさせている。日本のお株が、アジア企業に奪われてしまっている。もちろん、高い技術、高い品質は重要だ。しかし、アイデアという面で後塵を拝すことになってしまっているのではないだろうか。独創などという立派なものでなくてもいい。ちょっとしたアイデアを実行に移してみる。そんな「やってみよう感覚」が失なわれているのではないか。「枯れた技術の水平思考」にはそんなヒントがたくさん埋もれている。

昨年、横井氏の13回忌があった。ずいぶんと長い時間が経ってしまったが、巡り巡って『横井軍平ゲーム館』は、再び、今読むべき本になっていると思う。

第1章　アイデア玩具の時代

1967-1980

ウルトラハンド

1967年（昭和42年）発売当時の価格＝600円

横井軍平氏が任天堂[1]に入社したのは1965（昭和40）年。当時の任天堂は花札、トランプなどが主力商品で、後の「ファミコン[2]の任天堂」の姿は誰も想像していなかった。横井氏自身もそうで、自分のことを「落ちこぼれなんですよ、僕は。それを任天堂が拾ってくれたんです」と言ってはばからない。

事実、横井氏は同志社大学電子工学科を卒業したものの、大手電気メーカーの就職試験に次々と落ち、任天堂以外就職先が見つからなかった。もちろん、任天堂には電子工学の知識を活かした仕事などありようはずもない。同級生たちか

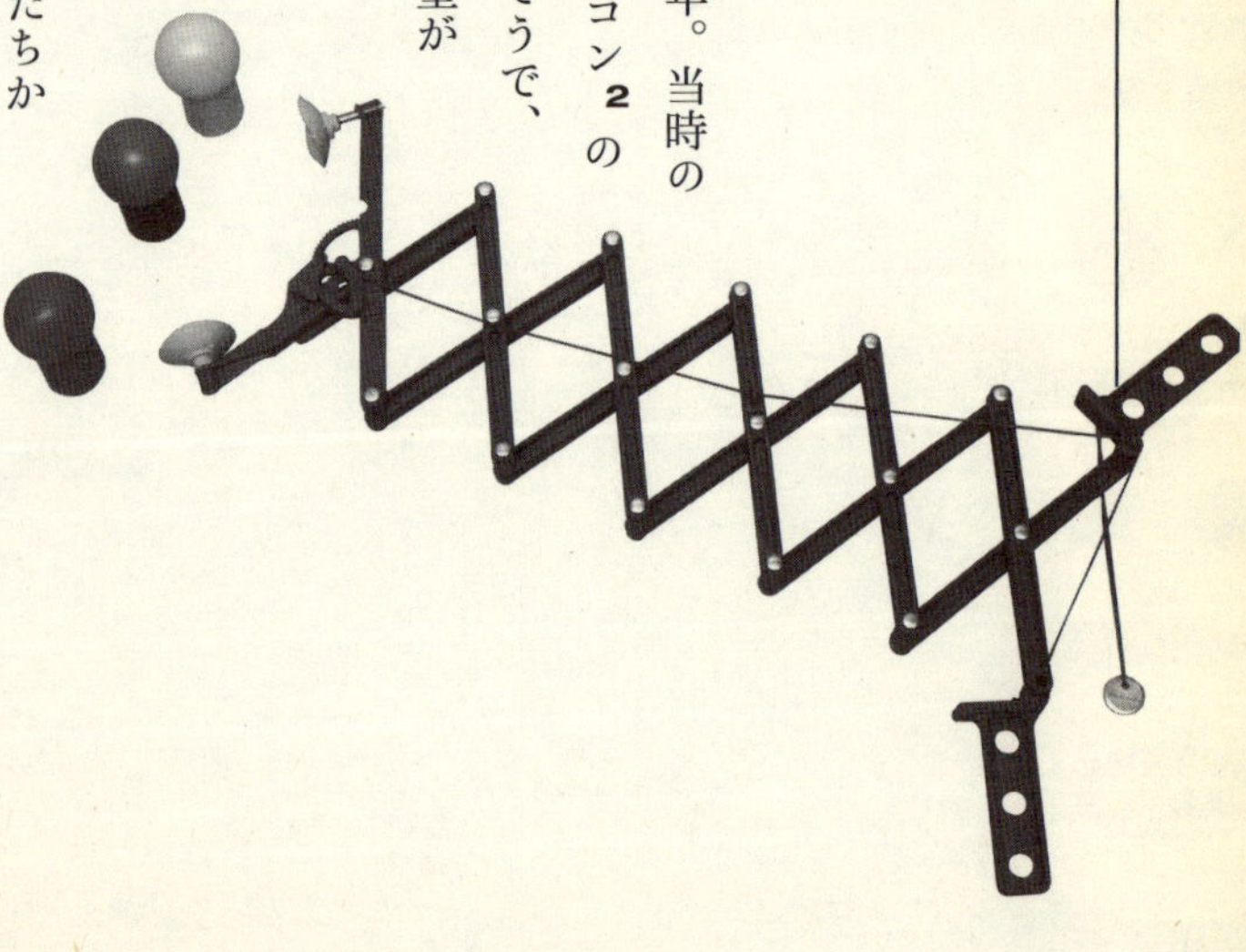

ら「お前、任天堂でなんの仕事をするのだ」と問われても、横井氏は返答のしようもなかった。「まあ、とにかく京都から離れたくなかったというのが第一で、特に仕事に夢を持つわけでもなく、安穏に定年まで勤められれば、それでいいかなという気分」だったそうだ。

入社後に与えられた仕事は、設備の保守点検という軽い仕事。そのままいけば、横井氏は定年まで保守の仕事を勤め、任天堂は花札メーカーで終わっていたはずだ。しかし、仕事があまりにも暇なもので、横井氏は仕事中に玩具を作ってさぼり始める。その玩具に目をつけたのが山内溥社長3だ。ここから横井氏と任天堂の運命が急転することになる。その玩具こそ、後の「ウルトラハンド」なのである。

ウルトラハンドでたいへん興味深いのは、山内社長が「ゲームとして商品化しろ」と命じたことだ。玩具の開発を始めていた当時の任天堂からすれば、ゲームというより玩具として売り出す方がストレートだったはずだ。今から考えれば「当時から任天堂はゲーム業界への進出を考えていた」と言えなくもないが、それはあまりにも結果論的すぎる意見だろう。なにしろ、当の横井氏がこの発言の真意についてはわからないという。真意はまったく藪の中だが、今日の任天堂、その後の横井氏の仕事を考えると、たいへん示唆に富んだエピソードだ。

1 1889年に創業、花札・トランプの製造業を行ないながら玩具メーカーとして地盤を固め、1980年に携帯型ゲーム機「ゲーム&ウオッチ」が大ヒット。「ファミリーコンピュータ」とそれに続くソフトも爆発的なヒットとなり、家庭用ゲーム機業界では日本、世界問わず最大級の企業に成長している。

2 ファミリーコンピュータ。1983年に発売された家庭用ゲーム機。略称は「ファミコン」。ロムカセット（カートリッジ）を使用し、様々なゲームを楽しむことができることや突出した低価格、ゲームに特化した高い性能から大ヒットした。

3 当時。任天堂を創業した山内房治郎の曾孫であり、3代目社長を勤めた。世界初のプラスチック製トランプを開発。当時は博打の道具としか見なされていなかったトランプを家庭用玩具として販売し、任天堂を一躍業界トップに育て上げた。その後家庭用ゲームに投資し「ファミリーコンピュータ」を発売。歴史的大ヒットにより、娯楽企業として今日の地位を築き上げた。現在は同社相談役。なお本書で「社長」と発言されているものは山内氏のことを指す。

ウルトラハンドの原型は「ひまつぶしの玩具」

「ウルトラハンド」というのは、中学の頃、模型屋で売っている角材をつなぎあわせたら、伸びたり縮んだりするというのが面白くて、自分で作っていて遊んでいたわけです。伸びるというのが面白くてね。折り畳まれていたものが、きゅっと伸びるというのが。周りの子供たちもびっくりしてましたね。昔のマンガ映画でロボットのおなかが開いてパンチするとか、そういうのありましたでしょ。あれが無意識のうちに参考になっていたのかもしれません。

こんな単純なものは、旋盤があれば簡単にできてしまうので、会社で作って遊んでたんですよ。そうしたら、それを社長が見て、商品化しろと言われました。社長が、社員が遊んでいるものを見て「商品化しろ」なんて言ったのは、初めてのことでしてね。呼び出されたときは、もうすっかり怒られるんだと思ってました。

任天堂はゲームメーカーだから、ゲームにしろ

そのとき、社長から「任天堂はゲームメーカーなのだから、ゲームにしろ」と言われたんですよ。あんなもんゲームにならないですよ。ただ、伸びて縮むだけなんですから。これをゲームにするにはどうしたらいいだろうかと、ずいぶん悩みました。

その頃の任天堂は、花札とかが主力商品で、「役満」という麻雀牌が景気よく動き出した頃で、まだ玩具とかゲームの世界には踏み出してはいないんです。だからなんで社長が「ゲームにしろ」と言ったのか、その意図がよくわからなかったですね。私としては、単なる道具でいいと思っていたんですけど。

まあ、社長はすぐテレビ宣伝を考える人なんで、単なる道具ではテレビ宣伝のしようがない。それで「ゲームにしろ」と言ったのかもしれないですね。よく社長が言ってたのは、「アメリカでは、まずテレビ宣伝のコンテを決めて、それから商品開発に入るのだ」ということなんです。つまり、いかに訴えるかが重要なんだということですね。

ウルトラハンドの仕組みで面白いのは、「遠くにあるものをつかんで手元で放す」という機構だ。この機構は、歯車とワンウェイクラッチで実現している。ウルトラハンドを伸ばすと、自然に先端の「手」の部分が狭まっていく。これは自然な動きだ。さらに、ワンウェイクラッチが歯車の上を滑り、「手」の部分が開かないようになる。ウルトラハンドが伸び切ると、手の部分はもっとも狭くなるが、これが開かないようにクラッチが押さえているわけだ。この状態で、ウルトラハンドを縮めれば、クラッチが押さえているため、「手」の部分が開かずに、ものを握ったまま手元に引き寄せることができる。

問題は、手元に引き寄せた後、この「手」を開かせなければならないことだ。当初横井氏は、手で無理やりこじ開けるという方式を考えていたようだが、それではあまりスマートではないということでさらに工夫を加えた。クラッチから手元まで紐を通しておき、この紐を引くとクラッチが外れる機構にした。実際には、紐の手元の部分をハンドル部に握り込んで、ちょっとだけウルトラハンドを伸ばしてやる。これで紐が引っ張られ、手の部分が開くという仕掛けになった。

この「握って、手元で放す」という機構が加わったことにより、「ゲームとしてのウルトラハンド」が成立した。遠くにあるピンポン玉を別の場所にある台に移し替えるというゲームになったのである。ただし、当時ウルトラハンドで遊んだ私の記憶では、そういうゲーム性はほとんど目に入らなかった。夢中になったのは、遠くにあるものがつかめるという「ものぐさ」と「便利さ」をないまぜにしたような感覚と、クラッチがチキチキと音を立てながら伸びていく動きの面白さだった。

実は、この「ものぐさ＋便利」「動きの面白さ」の二つは、横井マインドそのものと言ってもいいぐらいで、この後の作品すべてに共通するものでもあるのだ。「処女作には、すべてが含まれている」とはよく言われる言葉だが、横井氏の処女作であるウルトラハンドにも当てはまる言葉なのである。

つかんで放す機構

最初に色のついたピンポン玉みたいなものをつかんできて、同じ色の台に乗せるという遊びを考えたんです。ですから、ウルトラハンドというのは伸びた先でものをつかんで、自分の好きなところで自由に放せないといけない。それで、先の部分をいろいろ工夫したんですね。

で、考えたのが、先から紐を持ってきて、手前に錘のメダルをぶら下げて、縮めてくるとその錘の重みで紐がずーっとたるんでくる。その紐をつかんで、前にちょっと押し出すと、パカっと開くような機構にしたんですね。今ならもっとスマートにできたんでしょうけど。あの頃はどうしたらいいのかわからない状態で

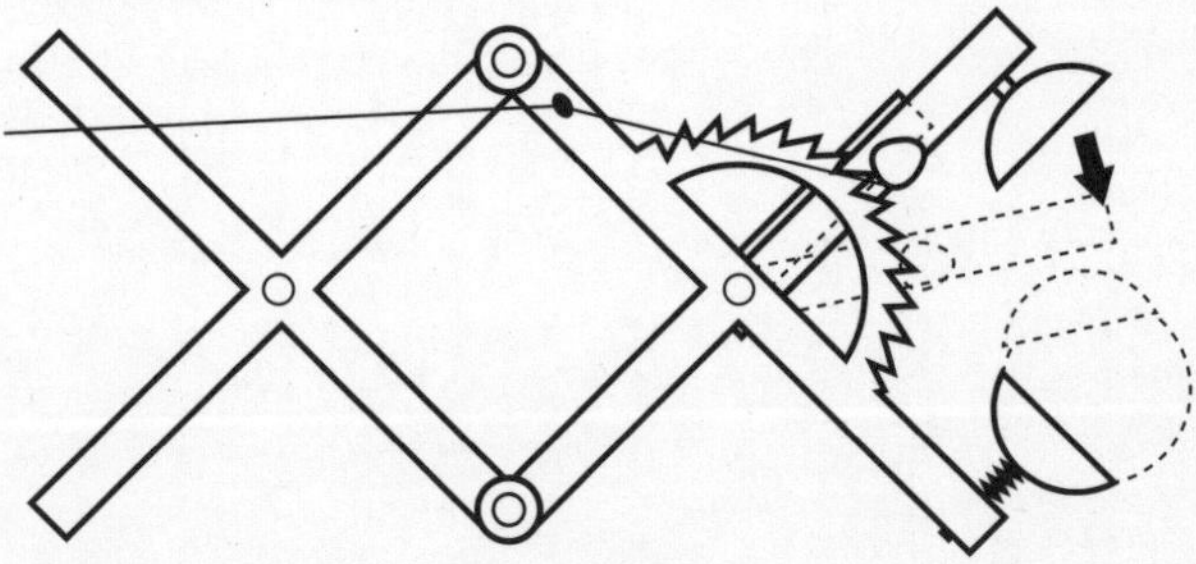

ウルトラハンドの仕組み。ワンウェイクラッチを利用して、縮めて手元に持ってきても開かない構造になっている。

したから。なにしろ、電気屋が機械玩具を作っていたんですからねえ。素人も同然でした。

伸び縮みするという「動き」の面白さ

ウルトラハンドというのは、つかんで放すということがなければ、実用とは言わないまでも何となく物足りない。それでどこまでできるかということで、たばことマッチを遠くに置いておいて、たばこをつかんで口にくわえて、マッチを一本つかんで、マッチを擦って、それで火をつけるという芸当にチャレンジしたことがありました。五分か十分かかりましたけどね。もう、名人芸です（笑）。

ウルトラハンドは、にせものがずいぶん出てきました。でも、にせものの方が機構的に立派にできているのがあったりしましてね。その後、伸び縮みはしないけど、単純に握ってつかめるのが後から出てきてました。実用的にはそっちの方が使いやすいなと思いました。ただ、なんでもないことなんですけど、伸び縮みするという「動き」がウルトラハンドの面白さなんですね。やっぱりウルトラハンドは、伸びて縮んでこそ、ウルトラハンドなんですね。

ウルトラマシン

1968年（昭和43年）発売当時の価格＝1480円

ウルトラハンドは大ヒット商品となった。それにともなって、横井氏は設備保守の仕事から解放され、新設された開発課に転属となった。今日の任天堂開発部のスタートである。しかし、ここで横井氏は大きなプレッシャーを感じることになった。ウルトラハンドはあくまでも「瓢箪から駒」的なヒット商品。しかし、これからは意識的にヒット商品を産み出していかなければならない。しかも、ウルトラハンドの成功により社内からは「さすが大学出の人は違う」と過大評価されてしまう。「自分の実力以上に評価されてしまったことで、その期待を裏切らないよう、それからは必死で猛勉強しました」。ここから

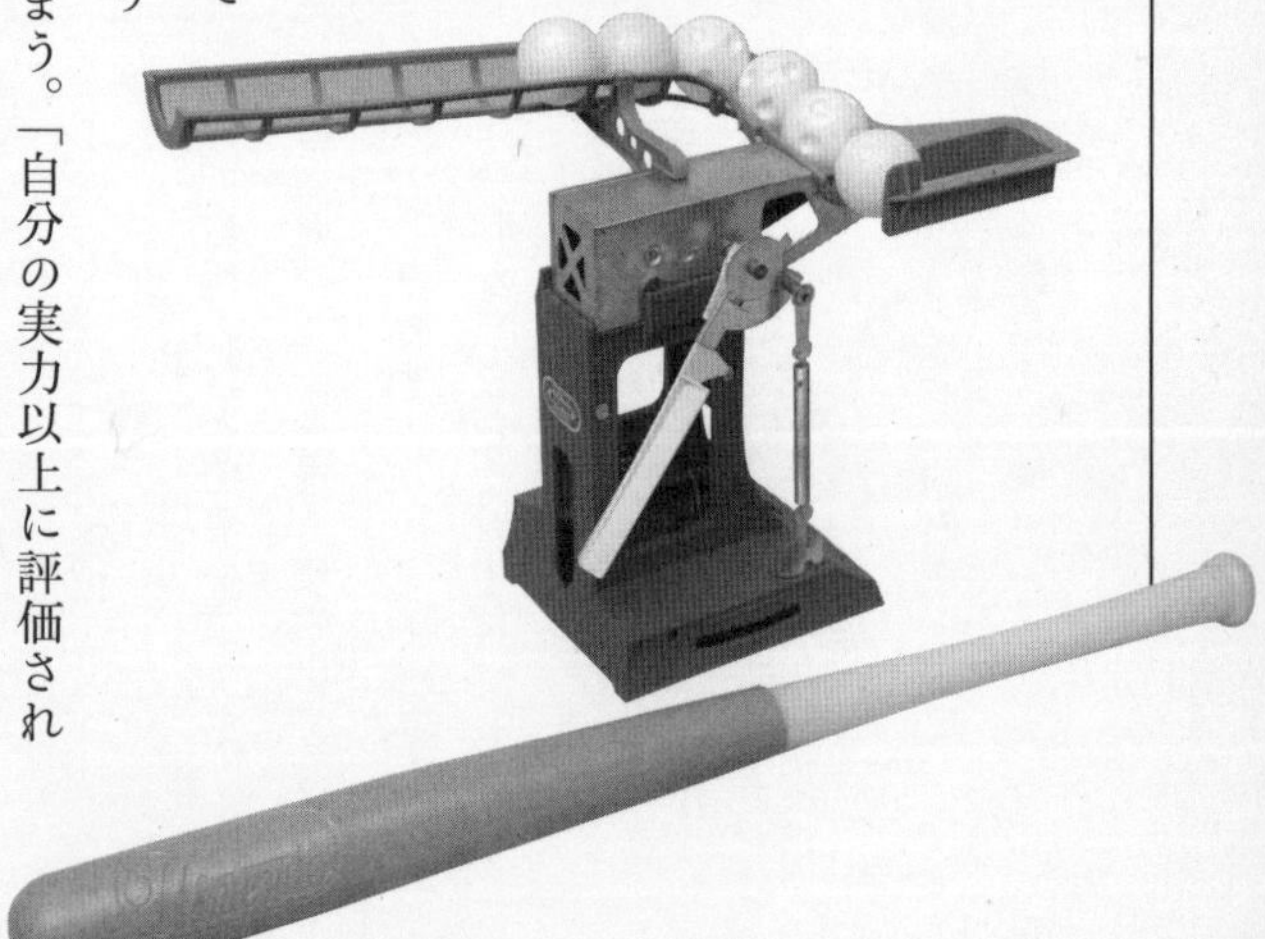

横井氏の本当の意味での開発人生がスタートしたといっても過言ではない。

ウルトラハンドはあくまでも「自分が面白いと感じた玩具」を商品化したら、世間も面白がってくれたというパターンだ。しかし、ここで横井氏はあえて「自分ではなく、他人が面白がっているもの」の商品化に挑戦する。当時、まったく野球オンチだった横井氏は、子供の頃の友人が熱中していたピンポン野球を思い出し、その商品化に狙いを定めた。この狙いが的中し、「ウルトラマシン」はウルトラハンド以上のヒット商品となる。

あれだけ熱中しているんだから、絶対面白いはず

ウルトラハンドは自分の遊びで作ったものを商品化したんですけど、「ウルトラマシン」ははじめから商品化する目的で作ったものです。「家の中でバッティング練習をする道具」という商品コンセプトがはっきりしていて、作ったものなのです。

ウルトラマシンを作ったときは、実は私は野球のやの字も知らなくて、むしろ野球が嫌いだったんです。中学、高校のときに金持ちの悪友がいまして、おもちゃは何でも買ってもらえる奴

がいた。ところがいつ行っても、彼は人にピンポン玉を投げさせて、それを竹の物差しで打つ。こんなのがなんで面白いんだ、いっぱいおもちゃを持っているのにと、すごく印象に残りました。

任天堂に入って、ウルトラハンドを作って、次に「何か考えろ」と言われたときにそれを思い出して、あいつがあれだけ熱中しているんだから、絶対面白いはずだということで、部屋の中でできるピッチングマシンを作ろうとしたんです。

あれだけ熱中しているんだから、絶対面白いはず

そこで、バッティングセンターへ行って、どんな機構になっているかを見に行きました。そうしたら、腕を回転させて投げる方式だったので、これを参考にしました。で、たまたま既製品のピンポン玉みたいなボールがあったもんで、これを投げられるようにしようと。

実際のピッチングマシンを見てみると、きれいに投げているんですね。あんなうまくいくんかなと思ってたんですけど、最初のサンプルを作ってみたら、非常にコントロールがいいんですね。びっくりしました。「展示用ディスプレイを作れ」と言われたときに、投げたボールが的に開けてある穴にすぽっと入って、また手元に戻ってくるという循環するディスプレイを作ったんですけど、的から外れるということがほとんどなかったですね。

当時私を可愛がってくれていた常務が、どこからか「投げるだけでカーブがかかるボール」というのを持ってきまして、ボールにくぼみがついていてカーブがかかるんですけど、これを小さくして、途中からウルトラマシンにもカーブが出るボールを採用しました。

ウルトラマシンを売るというので、巨人のナイター中継でテレビCMをやることになりまして、野球を知らない私がCM見たさにナイターを見ていたんですね。そしたら、いつの間にか巨人ファンになってしまいました（笑）。長嶋茂雄さんにお会いしたときにも、その話をして大笑いになりました。

公式には、このウルトラマシンが横井氏の第2作目となっているが、実はウルトラマシン、ウルトラハンドの前に、幻の「家庭用ドライブゲーム」を商品化していた。仕組みは当時デパートの屋上にあったドライブゲームと同じで、自動車をハンドルで操作して、決められたポイントを通過すると得点となるというものだった。横井氏自身も自分で商品化したことを長い間忘れていたが、インタビューの最中に横井氏が思い出してくれたのだ。

このドライブゲームは、結果から言えば失敗に終わった。機構に凝りすぎて、まったく量産できなかったのだ。横井氏自身が組み立てればうまく動くものの、ラインで量産してみると不良品が続出。最後は横井氏自身がラインに入って、組み立て作業をひとりでやったという有り様だった。

この失敗で、横井氏は「商品化するということ」「量産するということ」という、ゲーム自体の面白さとは別の次元の難しさがあることを知る。しかし、このドライブゲームは、商品としては失敗に終わったものの、アイデア自体は周りからたいへん評価され、製造中止を惜しむ声が高かったという。ここから横井氏は、「面白いアイデアをどうしたら量産商品にできるか」というところに目を配るようになったのだ。これが、横井作品が単なるアイデア商品で終わっていない原点なのではないだろうか。

ドライブゲーム
(1966年)

商品パッケージの難しさ

ウルトラマシンのバットは、ロッドアンテナ[1]のように伸び縮みするようにしたんです。「長いままのバットだと、パッケージが大きくなってしまって、運送のときに空気を運ぶことになって無駄が出る」とずいぶん言われましてね。それを気にして、本体も組み立て式にして、なおかつ素人が簡単に組み立てられる形式にする。こういう課題がすごく重荷だったですね。そんなこと今までやったことも考えたこともなかったですから。

本体も組み立て式に設計して、箱の中にコンパクトに収まるようにしたんですけど、組み立ててみるとやっぱり不安定で、結局ねじ止め部分を作ったりと、試行錯誤の連続でした。その後組み立てた完成品の形でもさほどパッケージは大きくならないということがわかって、二代目のウルトラマシンのときは、はじめから組み上げた形で設計しました。今から思えば、ずいぶん無駄なことで苦労してたなという感じですね。

1 伸縮可能なアンテナ。トランジスタラジオなどに使われた。

僕の設計した玩具がベルトコンベアで流れて……

任天堂に入社した頃、三近食品[2]という子会社がありまして、「インスタントライス」とか、「ポパイラーメン」とか、ふりかけの「ディズニーフリッカー」とかを作っていたんです。でも、あまり売り上げは思わしくなかった。入社してすぐその三近食品の工場を見に行きまして、こういう工場で玩具を作らせて、僕の設計した玩具がベルトコンベアで流れて、という夢を見ていましたね。

そしたら、ウルトラマシンで本当にそうなってしまった。もう、楽しくて楽しくてね。製造部みたいな部署ができて、ベルトコンベアが流れて、パッケージされて、何台ものトラックに積まれて出て行くんですよ。自分の設計した玩具が。壮観でしたねえ。このへんから私の考えるものが世の中に受けるんだ、という自信は出てきました。

2 正式名称は「サンオー食品」。

ラブテスター

1969年（昭和44年）発売当時の価格＝1800円

ウルトラハンド、ウルトラマシンと続けてヒットを飛ばした横井氏は、一転して「自分がほしいもの」の商品化を考える。「自分が面白いと思うものは、世の中の人も面白がってくれるに違いない」という自信が、連続ヒットで裏打ちされたわけだ。そしてもう一つ、横井式発想の柱である「枯れた技術の水平思考」という考え方が登場する。

「ラブテスター」は、実を言えばただの電流計だ。これを、単に電流を測る装置として使ったのでは面白くもなんともない。そこで、横井氏はこれを「公然と女の子の手を握るための道具」として仕立てあげる。つまり、電流計という使い古された技術を、まったく異質な分野

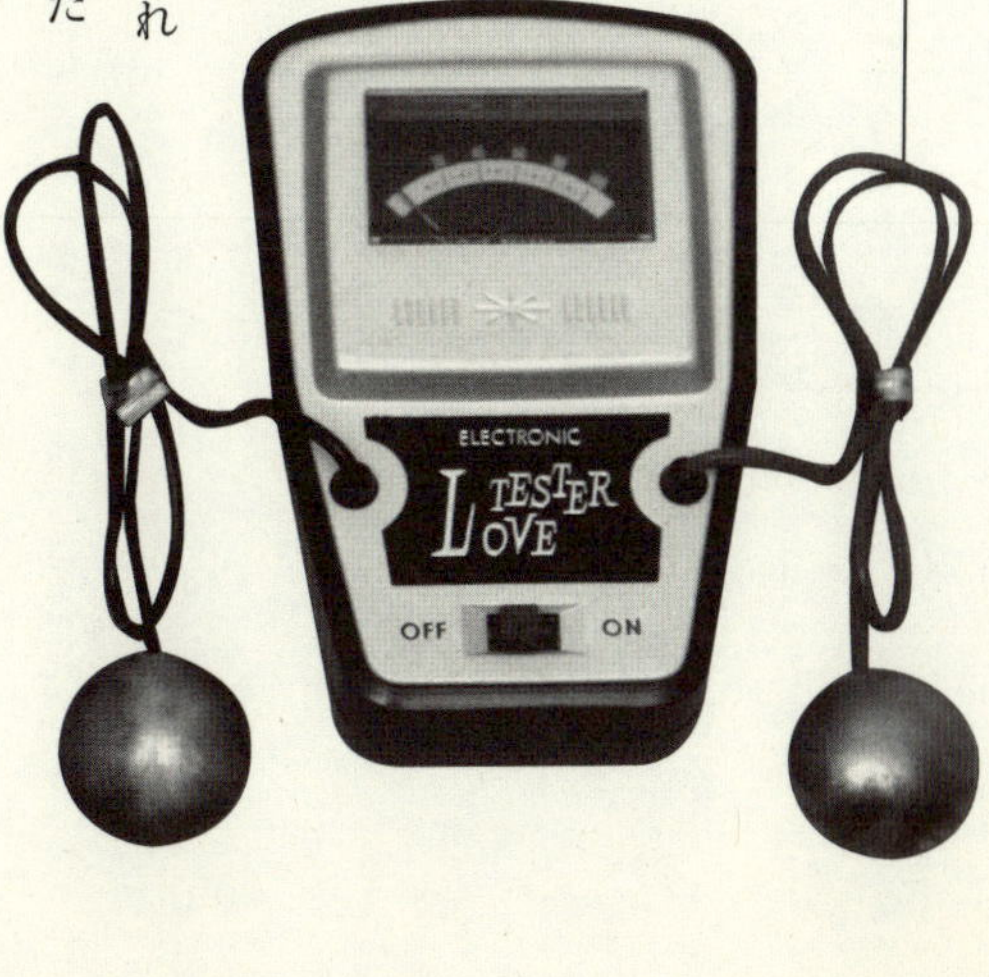

に投げ込んでみて発想するという方程式がここで生まれたのだ。

先端技術を用いた商品は当然コストが高くつく。しかも、そこから生まれる商品は、多くの場合他社との価格競争になりがちだ。しかし、普及をしてさらにその技術が枯れてしまえば、ウソのように低いコストで商品が作れることになる。そこで、その技術の使い道にひとひねりを加えて商品化する。これが横井式発想、「枯れた技術の水平思考」だ。ラブテスターは、この発想を活かした最初の玩具となるのである。

女の子の手を握るための玩具

私は電子工学専攻ですから、いちおう電子的なものをやらないと格好がつかないなと思ったけど、あまり難しいことはできないんでね。たまたま、テスター[1]の抵抗レンジで遊んでいると、どうも人間のからだを電気が流れているらしい。これを女の子の手を握る手段として使えないか、というのが「ラブテスター」の発想です。トランジスター一石と安く買ってきた検流計をくっつけて、単位なんかも愛情テストだから1ラブ、2ラブとか、実にいいかげんなもの

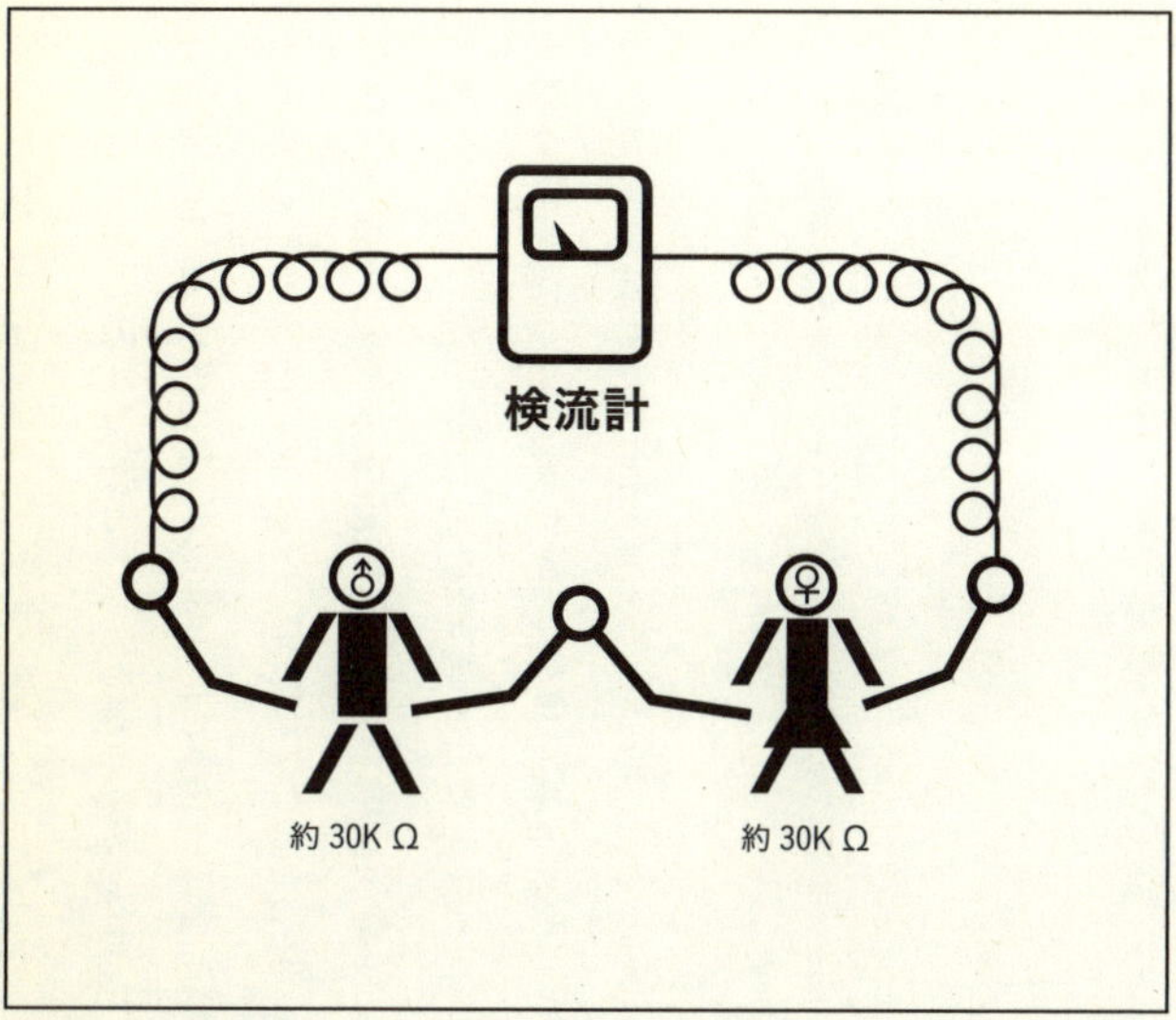

ラブテスターの仕組み

でした。

ラブテスターはウルトラシリーズよりは、対象年齢層が高いですよね。ウルトラハンドや、ウルトラマシンは小学生、中学生。でも、ラブテスターはやはり中学生以上ですね。このあたりから、私も自分で楽しいものを作ろうという気になったのかもしれません。

聞いた話ですけど、中学生なんかが買いに来るときは、今のビニ本[2]を買うような状態だったということですね。今だったらなんでもないことなんでしょうけど。

私自身もラブテスターを使って、ずいぶん女性の手を握りましたよ。まあ、そのうちそんなんじゃ物足りなくなってきましたけど（笑）。

1　電流や電圧、電気抵抗などを測定する計器。

2　当時はまだ一般的だった、過激度の高いポルノ写真本。未成年が店頭で立ち読みできないようにビニールで包装して売られたことからこう呼ばれた。

ここで蛇足ではあるが、面白いエピソードがあるので紹介しておこう。横井氏はラブテスターを「実にいい加減なもの」といっているが、これは横井氏一流の謙遜だ。原理としては現在のポリグラフ（嘘発見器）とまったく同じもの。愛情度の高い男女が手をつなげば、当然手のひらに汗をかくわけで、電流は流れやすくなる。理論的には実にまっとうなものなのである。

さらに、横井氏によれば「手をつなぐより、キスをした方が水分が多くなるので、愛情度は高く出るはず」だそうで、当時のパンフレットにもそのような記述をしていたという。ところが、外出しているはずの上司が会社に電話してきて「おい。キスをしても針の振れが変わらないじゃないか」と真剣な声で怒ったという。外出しているはずの上司は今いったいどこでなにをしているんだろうと、大笑いになったそうだ。それほどまで、このラブテスターはいい年をした大人まで夢中にしてしまう要素があったのだ。

このラブテスターは「愛情をはかる機械」というインパクトが強かったせいか、現在でもコレクターアイテムとなっているという。

エレコンガ

1970年（昭和45年）発売当時の価格＝9800円

横井氏というと、仕事の内容やときおりマスコミに登場する写真だけから判断してしまうと「実直そうな人」という印象を持つ人が多いと思う。確かに誠実な人であることは間違いないが、実は音楽や自動車に造形が深い「趣味人」でもあるのだ。子供の頃からピアノを習い、学生時代には社交ダンスで大会に出場、外車を乗り回し、夏にはダイビングを楽しむという「ソフィスティケートされた太陽族」のような学生時代だったという。横井氏の作品には、この頃の感覚が生きているものが意外に多いのである。光線銃も学生の頃遊んだ水中銃がもとになっているし、この「エレコンガ」もそうだ。

エレコンガは、ひとことで言ってしまえば、現在のリズムボックスだ。鍵盤を叩けば、対応した打楽器の音が電子音で鳴るという玩具だ。後に、紙にパンチ穴を開けておけば、自動演奏もできるアダプターがつくようになった。発売当時は、ヒット商品まではいかなかったそうだが、音楽を趣味にしている人の間ではたいへん人気が高かったという。玩具としても楽しめるし、実際に自分がギターなどを演奏するときにリズムボックスとして使えるという実用性もあったからだ。

打楽器の音をひとりで出せないか

打楽器の音というのは、人の気持ちを捕まえるものなんですね。特にラテンの打楽器というのは、日本人にものすごく合うということを前から聞いていたんですよ。私自身も、小学校からピアノ習ったりして音楽には精通していたものだから、打楽器の音をひとりで出せないかなと考えました。

普通ラテンでは、コンガとかボンゴとかギロ[1]とかをひとりずつ演奏しますけど、音は電子音で似たような音を出しやすい。それを自分ひとりで演奏できないかと思っていたら、ヤマハのエレクトーンに打楽器の音を出せるキーがついていた。これが商品にならないかな、と思って作ったのが「エレコンガ」なのです。音楽ものというのは、商品としては難しいと思っていましたけど、いったいどこまで売れるだろうと思って、自分の趣味で作ったんですよ。

ところが、これで失敗したのは、ピアノが弾けなかったらぜんぜん演奏できないんですね。ちゃんとしたリズムを演奏しようと思ったら、五本の指をフルに使わなければならない。ピアノを弾ける私はいいけど、他の人は弾けないということがわかった。これはまずいな、誰でも弾けるようにしなければならない。

それで、円盤に穴を空けて、一周を32拍子、これで自動演奏する仕組みをつけたんです。今で言うリズムボックス[2]ですね。自分で弾きたい人は鍵盤で弾けばいいし、それが難しい人は自動演奏機を使う。穴開けパンチもついているので、自分でリズムを作ることもできる。

普通、音楽はメロディーがなければ音楽にはならない。それを打楽器だけの音で、という考え方は最近のものでしょうね。当時、音楽をやっていた人はずいぶん私のところに、「欲しい」と言ってきましたよ。

1 中身をくり抜いた瓢箪の外側に何本もの刻み線を入れ、棒でこすって音を出す打楽器。
2 現在ではサンプラーや音源などを搭載したものが一般的だが、当時の機能はリズム音のみ、というのがほとんどであった。

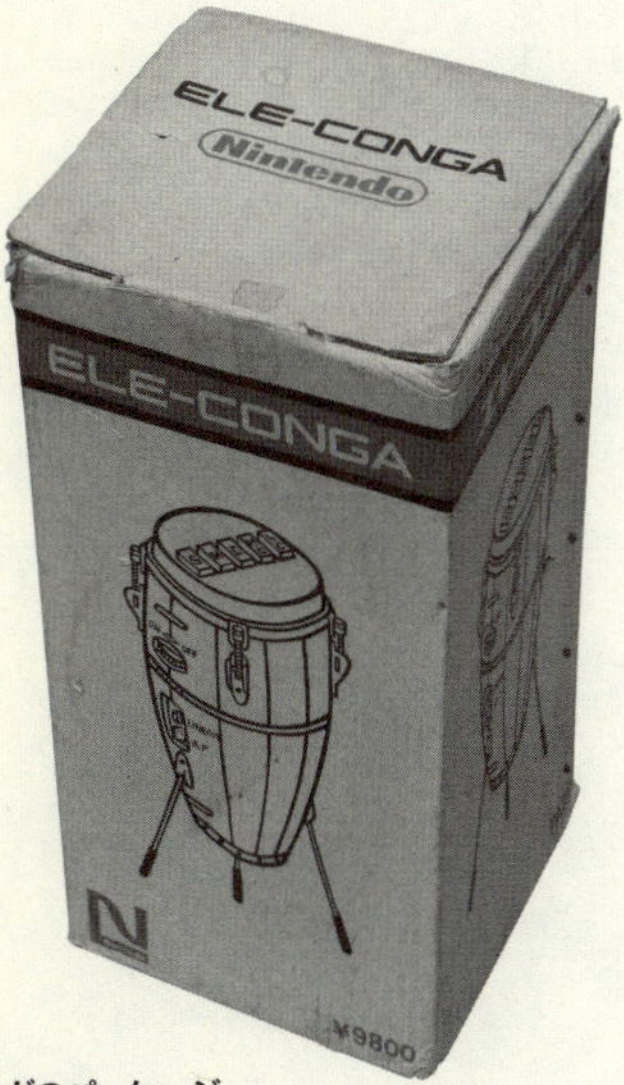

エレコンガのパッケージ

N&Bブロッククレーター

1970年（昭和45年）発売当時の価格＝1800円

横井氏は当然ながら任天堂の社員なので、自分が企画した仕事以外にも、さまざまな仕事が舞い込んでくる。ファミコンなどもその一例だ。ファミコン自体は、横井氏とは別の部署で開発が進んでいた。しかし、筐体やキーパッドの設計に関しては、横井氏の部署に依頼がきたわけだ。この「N&Bブロッククレーター」も、そのような依頼仕事の一つで、ブロック自体は横井氏とはまったく別の部署で作られたものだ。そのブロックに付随するパーツに横井氏が関わったのだ。

このクレーターで愉快なのは、逆転の発想が含まれているところだ。普通、ブロックというと形あるものを組み立てると考えるのが自然だ。ところが、クレーターはばね仕掛けで、

せっかく作ったブロックが跳ね飛ばされてばらばらになるというものだったのだ。これが受けた。大ヒット商品とまではいかなかったものの、ヒット商品として売れ行きも好調だったそうである。

ブロックで遊んでいる子供をよく見てみると、形を作るというのは実は前段階にしか過ぎない。多くの子供が作ったブロックを壊すことに快感を感じているのである。商品としては、記憶に残りにくいものではあるが、横井氏の遊び心がうまく活かされているものの一つだといえよう。

組み立てたものがばらばらになる快感

任天堂がレゴの真似をして、ブロックを作ったことがあるんです。訴訟まで起こって、いろいろやっていたんです。

私自身はそのブロックに直接タッチしていなかったんですけど、プラスチックの成型屋さんが持ち込んできた話で、いろいろ組み合わせて売ろうというときに、ブロックは組み立てることばかり考えているから、逆転の発想で組み立てたものを壊すというのが面白いのではないかと考えました。で、地雷みたいなものを踏みつけたら、せっかく組み立てたものがばらばらになる。それは面白い、さっそくその地雷を作れという話になったんです。形が月面のクレーターに似ているんで、「クレーター」という商品名で売り出したんです。

この機構で苦労したのは、相当重いものを跳ね飛ばさないといけない。その重いものを軽いショックでばらばらにしなければならないというところですね。これがけっこううまくいったので、味をしめて、実は光線銃の「ボトル」にこの機構を使ったんです。コイルスプリングで押さえておいて、光線銃が当たるとボトルがばあっと飛ぶんです。こちらも評判がよかったですね。

N&B ブロッククレーターのパッケージ

レフティRX

1972年（昭和47年）発売当時の価格＝5900円～10800円

横井氏は時代とまったく無関係にユニークな玩具を世に送り出しているように見えるが、もちろんそんなことはない。世の中のブームを見据えて、そこに新たな発想を付け加えた玩具もかなりの数開発しているのである。この「レフティRX」も、そのような玩具の一つだ。

1970年代の始めに起ったラジコンブームは、現在でも根強い人気を誇っている。ところが、問題は現在でもラジコン玩具は高価である点だ。なかなか子供のお小遣いで買えるという代物ではない。事実、今ラジコンを趣味にしている年齢層は、ほとんどが大人である。二十歳をすぎて

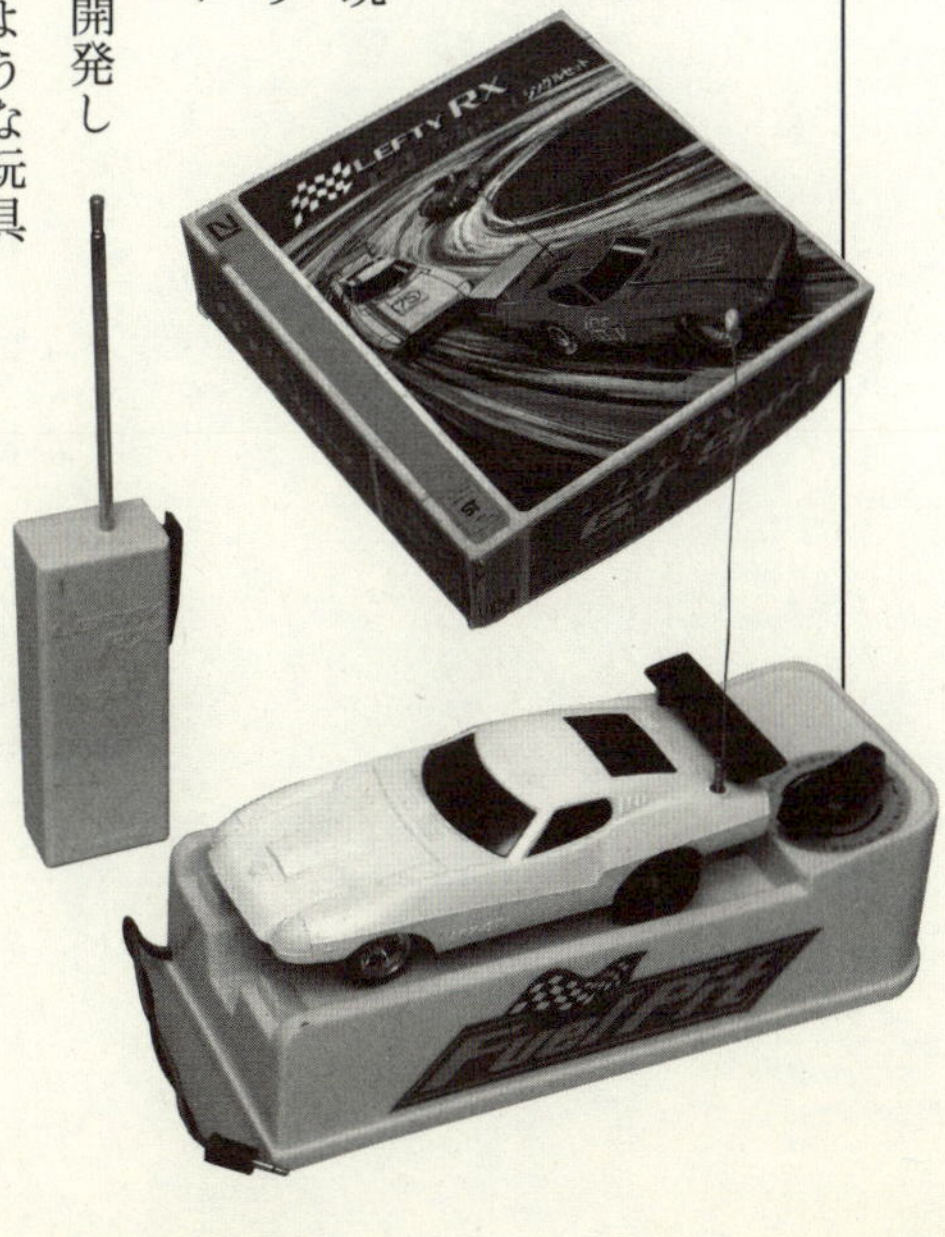

老後まで楽しめる趣味としてラジコンは受け取られているのだ。これは、奥が深いとか、技術的に高度であるとかいう理由よりも、単純に「お金がかかる」というのが原因。現在もこのような状況なのだから、1970年代にはラジコンはもっと高価な存在だった。ラジコンを買おうと思ったら、給料ひと月分ぐらいは覚悟しなければならないぐらいだったのである。

ラジコンが高くなる理由は、主にコントロールチャンネルだ。例えば、自動車の場合、エンジン出力をコントロールするチャンネル、ハンドルをコントロールするチャンネルの二つが最低でも必要だ。操作性をよくしようと思えば、さらにチャンネルが必要になってくる。飛行機やヘリコプターになれば、さらに必要なチャンネル数は増えていく。

ここへ登場したのが「レフティRX」だ。この特徴は、左にしか曲がることができないが、1チャンネルでコントロールされているので、コストが非常に安くつくという点だ。左にしか曲がれないとはいえ、ちゃんとレースができる点がミソなのだ。

1チャンネルでラジコンカーをコントロール

当時、ニッカド電池[1]を積んでおいて、普通の乾電池から急速充電して走らすという自動車の玩具があったんですね。これを「ラジコンにしよう」ということになった。任天堂としては、はじめてのラジコンへの挑戦だったのです。

ところが、ラジコンというのは1チャンネル当たり膨大な原価がかかってしまう。なんとか、チャンネル数を少なくして、自由に競争できるラジコン自動車ができないかな、というのが「レフティRX」の発想です。

当時、ラジコンブームがありました。しかし、マルチチャンネルのものは非常に高かった。お金を出せば、技術的にいいものはいくらでもあったけど、そういうホビーの世界のものを玩具にも取り入れられないかという気持ちがありましたね。ちゃんとしたラジコンは、レフティの十倍以上の値段はしていました。レフティは左にしか曲がれないけど、1チャンネルですべてコントロールできるんです。

ですから、左回りのコースであれば問題はない。壁にぶつかっても左に回ってまた走り出す。

不自由は不自由なんですけど、値段の安さがウリなんですね。当時は、ともかく、この値段でレースができるというのは考えられなかったんです。

1 正式名称はニッケル・カドミウム蓄電池。含有するカドミウムが環境への負荷が高いとされ、現在ではニッケル水素充電池への移行を求める声もある。

タイムショック

1972年（昭和47年）発売当時の価格＝1800円

横井氏はこの「タイムショック」については、あまり多くを語らない。なぜなら、他社製品に対抗して開発した商品だからだ。当時、いろいろな形のブロックを対応する穴に入れていき、時間がくるとばね仕掛けでブロックがバチンと飛び出してしまうというパズルゲーム「パーフェクション」がたいへん売れていた。それに対抗して開発したのが、タイムショックだったのである。逆に、横井氏の作品が、よそに真似られた例も多く、特にウルトラハンド、ウルトラマシン、ゲーム＆ウオッチあたりは、類似品が大量に出回ったという。当時から玩具業界の競争は厳しかったのである。

盤を回すと、穴の形が変わる

「タイムショック」はね。あまり言いたくないけど、真似ですわね。「パーフェクション」の。パーフェクションがあまり売れているんで、悔しいのでなんとかできないかと。

タイムショックは、盤を回すと、穴の形が変わるというのが特長です。当時、タイムショックというテレビ番組が流行っていたので、そこからもらいまして。ま、こんなん私の仕事の中でも片手間もいいところで。

ゲームというのは、意匠か商標ぐらいしか登録できないんですね。ですから、ウルトラハンドなんか、もろコピー商品が出まわりましたけど、もうどこがやっているのかわからない状態でしたし、任天堂自体も法的な体勢が整っていたわけじゃありませんから。裁判を起こしても、勝てなかったでしょうね。

そういう体勢が整ってきたのは、ゲーム&ウオッチあたりからでしょうね。当時はそれほど、任天堂は注目されている会社ではなかったですよ。

チリトリー

1979年（昭和54年）発売当時の価格＝5800円

横井氏をひとことで言えば、玩具の発明家ということになるであろう。しかし、興味深いのは、意外にも「実用品」への憧れを持っていることだ。例えば、初期のウルトラハンドは「遠くのものをつかむ」という実用性があるし、「ウルトラスコープ」（潜望鏡を模した、高い塀などの向こう側を覗くための玩具。71年）はゴルフ観戦と「実用品」のバランスの上に成り立っている。そのバランスが最大限に発揮されたのが、後に作られるゲームボーイであろう。ゲームボーイは携帯ゲームとしての遊び心はもちろんのこと、単三電池で長時間利用できるという実用的な側面もヒットの秘密だ。

さて、1チャンネルラジコン、レフティRXを作った後で、この「チリトリー」が登場する。このチリトリーはラジコン式掃除機だ。玩具というよりは、遊び心のある実用品に近い。

1チャンネルラジコンで実用的なものを

「チリトリー」は、1チャンネルラジコンのレフティの応用で、なんとか実用的な仕事ができないかと考えました。新聞のマンガで、ラジコン自動車に掃除機を乗せるというのがあったんですね。「考えることはみんないっしょだな」と、社内で笑っていたことがありました。ちょうどチリトリーを作っているときに、そのマンガが出たんですね。ラジコンの玩具で、実用的にも使えるというものですね。

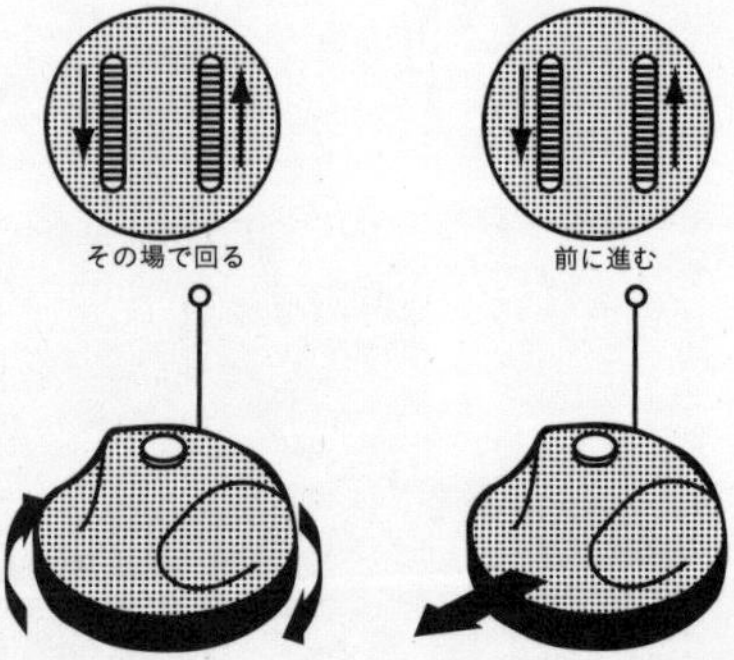

チリトリーの仕組み
二つ並んだ車輪の片方の回転方向を変えるだけで、その場でくるくる回る、前進するという動きを切り替えることができた。

テンビリオン

1980年（昭和55年）発売当時の価格＝1000円

ご記憶の方も多いと思うが、1980年夏にツクダオリジナルから発売された「ルービックキューブ」は大ブームとなった。現在でも当時の風俗として、ルービックキューブを楽しむ若者たちの映像がたびたび使われる。ルービックキューブは、さまざまな亜流、まがいものの商品も生み出し、いつの間にかルービックキューブブームから、パズルブームへと変貌していった。そのけん引役を担ったのが「テンビリオン」だ。

このテンビリオンは、もちろんルービックキューブに触発されて生まれたパズルゲームだ。横井氏自身も「片手間の端でやったようなもの」と語っている。しかし、あまり知られていないことだが、ルービックキューブの次にヒットしたパズルで、しかも国内だけではなく、世界的ヒット商品となっているのだ。特に数学者やパズルファンの間では人気も高く、テンビリオンの解法を解説した書籍まで出版されている。

特に面白いのは、発明した横井氏自身は解法などまるでわかっていなかった点だ。あくまでも機構の面白さを生み出すのが横井氏の仕事なのだ。

余談になるが、このテンビリオンを紹介したドイツの書籍（222ページ）の中で、横井氏のことが「悪魔の石の発見者」と紹介されている。悪魔の石とはテンビリオンのドイツでの商品名である。面白いのは、発明者ではなくて発見者と紹介されている点だ。単なる誤植という説もあるが「もともと悪魔の石という機構はあらかじめ神が用意していたもので、それを横井という人物が神に選ばれて発見する使命を担わされた」と考えることもできる。横井氏はまさにテンビリオンという機構を発見したのであって、遊び方や解法まで熟知したうえで発明したわけではない。誤植にしても、ちょっと面白い話だ。

色を揃えて入れておけば、元に戻るやろ

「テンビリオン」は、はっきりいってルービックキューブの真似ですね。もう、片手間の端でやったようなものですわ。でも、作った本人が解き方がわからなくてね。お客さんから解き方を教えてもらって感心したことがあります(笑)。

ともかくボールを入れて色合わせするパズルということで、作ったんですね。どうしたら、色を組み替えられるかという機構を考えたら、自然に円筒形になってしまった。作っている途中で、真ん中を膨らました方がかっこいいというので、樽形になったのです。

ルービックキューブは四角のパズルですよね。しかし、ルービックキューブの機構というのはたいへん難しい。ボールだったら簡単なのですね。これをくるくる回して縦に揃えるパズルということで、自然と円筒形の形が浮かんだ。

ルービックキューブというのは、パズルの面白さというよりは、あの機構の不思議さが受けたんじゃないでしょうか。「どうして、四角をくるくる動かしても外れないんだ」というね。

私も当時、ゲーム&ウオッチで忙しかったので、ルービック人気に乗じるのであれば、色合わ

せだけでいいだろうということで、部下に命じて企画させたのです。

ところが「これはどうやって解くんですか」と言われましてね。「おれも知らん。売るときに、色を揃えて入れておけば、お客さんがばらばらにしたって、いつかは絶対元に戻るやろ」と。無責任な話ですよね。そしたら、お客さんから「解き方教えてくれ」と言われてねえ。とても困りました。うまいこと、別のお客さんが解き方を発見して教えてもらいました。で、解き方まで自分で考えたふりして、テレビなんかにも出ちゃったりしましたね（笑）。

組み合わせは実は百億よりずっと多い⁉

テンビリオンという名前は、ルービックキューブが一億とか二億とかの組み合わせがあるというので、「組み合わせの数を計算してみろ」ということになったのですね。そしたら、計算できないほど多いんですね。何兆とか、そういうオーダーになる。で、それじゃ言いようがないというので、せめて百億ぐらいに減らそうと。減らしているんですよ、百億に。それで、「テンビリオン」。いい加減なネーミングの割には、なんだか語呂がいいですよね。

第2章　光線銃とそのファミリー

1970-1985

光線銃SP

1970年（昭和45年）発売当時の価格＝980〜5900円

「ウルトラ」シリーズ三部作（ウルトラハンド、ウルトラマシン、ウルトラスコープ）を世に出して、開発人生も順風満帆の軌道に乗った横井氏。ここからは、ラブテスターと同じく「自分がほしいものを商品化」の発想で、「光線銃」という鉱脈を掘り当てた。当初は、光線銃と的という単純な商品から、アーケードゲームである「レーザークレー」「ワイルドガンマン」、さらにはファミコンと光線銃を組み合わせた「ダックハント」まで続くロングシリーズだ。横井氏の開発人生は第二の黄金期を迎えた。

光線銃と聞くと、どうしても銃の方にレーザー光線などの大層な仕掛けがほどこしてあると考えがちだが、それでは「枯れた技術の水平思考」にはならない。横井式発想では、

まずコストの面を考えて、銃側は懐中電灯の電球を流用する。工夫は的側にあるのだ。的には光センサーが埋めこまれているが、なんとこれが太陽電池。普通太陽電池というと、光を受けて発電をするものという固定観念に捕われがちだが、これを「光センサー」として利用するのが「水平思考」だ。まさに「枯れた技術の水平思考」のお手本のような商品なのだ。

太陽電池は、電池と呼ぶからわからなくなる

昔からなんとなく鉄砲に興味があって、水中銃を作ったりしていました。玩具の鉄砲なんかはどこに飛ぶかわからないでしょう。だけど光線銃は狙ったとおりまっすぐ飛ぶので、すごく魅力を感じておりました。

当時光線銃というのはすでに科学雑誌などで紹介されていて、CDSというセンサーを使ったものでした。しかし、反応速度が遅くて、極端なことを言ったら真っ暗闇の中でしか使えない。CDSを使って試作してみたら、明るい部屋では反応してくれないんですね。要するに、センサーが「明るいか、暗いか」ぐらいの大ざっぱなことしか読み取れないんです。

そこへ太陽電池が業者から持ち込まれた。これはワンショットマルチという方式で、１０００ルクス[1]ぐらいの明るいところでも１ルクスの光に反応できる。これはすごいなと思って、すぐに光線銃に採用したんです。

最初は太陽電池というから燃料電池みたいなものかと思っていたんですけど、センサーだという説明を聞いて、そういうことができるのかと知りました。電池というからややこしいんですね、あれは。

ただ、値段を聞いたら、５ミリ角で５００円と言われて、「そんな高いものは使えない」という話になった。「なんでそんなに高いのか」と聞いたら、プラスとマイナスの電極をハンダづけするのに手間賃がかかると。そこで考えて、太陽電池を金属の板で受けてやって、下からプラスの線を引っ張り出す。上からは、レンズで押さえてマイナス線を引っ張り出す。こうすれば、ハンダづけは要らないし、同時に光量も増やすことができる。機械的にハンダづけしなくてもいいように工夫したんです。要するに、乾電池の電池ケースと同じ仕組みですね。そしたら、５００円が一気に１５０円ぐらいになりました。これで光線銃の話が急に具体的になったんです。

太陽電池はシャープの営業マンが持ち込んできたんですけど、これで需要が急に増えて、彼は表彰されたらしいですよ。太陽電池の使い道を考えたって。でも、考えたのは私なんですけどね（笑）。

1 照度の単位。ちなみにテレビ局の収録スタジオの照度は約1000ルクス、地上から見る月の光は約1ルクスとされる。

この通り作ればうまく行くはずだ？

光線銃でいまだ忘れられない苦労話と言えば、受ける方は千分の一秒の光が入ってくればワンショットマルチで反応する。しかし、千分の一秒の光を出す装置が問題なんです。ストロボを使えばものすごく簡単なんだけど、そんな高いものは使えないわけです。

そこで、乾電池と懐中電灯の光でなんとかしようと、ギロチンシャッターを使ったんですね。引き金を引くと、電球がついて、電球がある程度の明るさになったら、ギロチンのようにシャッターが落ちるという装置を考えたわけですけど、これがもう納期がなくて、ぎりぎり締め切り日の明け方までかかって図面を引いた。

本当は図面を引いたら、試作品を作って確かめなくてはならないんですけど、そんな時間はとてもなかった。そこで、図面を引いて、理想的にはうまくいくはずだということで逃げてしまった。玩具メーカーに設計図をつきつけて、「この通り作ればうまく行くはずだ」と。でも、メーカーもできるはずないんですよね。

しかし、私にはそれ以外方法がなかった。それで、部品ができあがってきた。組み立てるときは恐々ですよ。でも、やってみたらうまくいって、ほっとしましたね。よく考えたら、できあがった部品の精度はむちゃくちゃなんですけど、あちこちの部品の歪みが互いに吸収し

光線銃カスタム（左：ガンマン、右：ライオン）

あって動きはうまくいった。それでなんとか商品が流れたんです。

200メートル先の的にも当たる!

光線銃の試作品ができあがったときに、社長に見せたんです。社長というのは鉄砲のテの字も知らない人で、打ってもまったく当たらないんですよ。それで社長に「鉄砲というのは、照門と照星があって、これを合わせて狙うんですよ」と教えたら当たったんですね。そのとき社長がものすごく嬉しそうな顔しましてねえ。お客さんがくるたびに「おい、あの鉄砲もってこい」って。それ見てて、これは売れるんじゃないかと思いましたね。当時の玩具としては破格の高価なものでしたけど。

鉄砲の神髄を知った人にとっては、狙ったとおり当た

光線銃カスタム(左:ガンマン、右:ライオン)

るというのが目的でしたから、やはり我々としては中学生以上を狙ってましたね。なにより、私自身が欲しかったですし。

そのうち、カメラ用のストロボが安くなってきたんで、ストロボを使った光線銃カスタムを作りました。これは機械的には何も変更がなくて、光源にストロボを使ったんです。これは自分でもびっくりしましたけど、真昼でも１００メートルから２００メートル光が届くんですね。東京支店の発表会では、通りを挟んで２００メートルほど離れた向かいのビルに的を置いたんです。私が撃ったんですけど、これが見事に当たるんですね。みんなびっくりしてました。

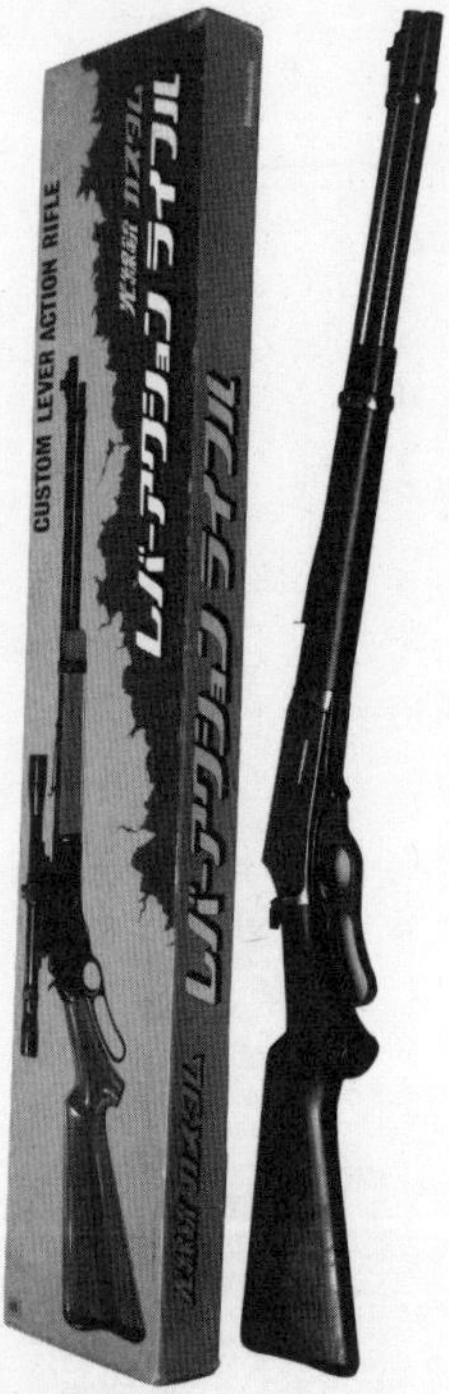

光線銃カスタム
レバーアクションライフル

レーザークレー

1973年（昭和48年）アーケードゲーム

光線銃シリーズの開発が一段落した頃、社長から「光線銃を使った競技ができないか」という話が持ちかけられた。そこで横井氏はクレー射撃に目をつける。クレー射撃というのは、素焼きの皿（クレーピジョン）を飛ばして、これをショットガンで打ち落とすという伝統的なスポーツのことだ。

これを光線銃でシミュレートするにあたって、横井氏がまず手をつけたのが、自分で実際にクレー射撃をやってみること。クレー射撃の面白さのエッセンスを知るためである。これがたいへん重要なポイントとなった。クレー射撃には「狙い越し」というテクニックが必須で、これは実際に射撃をやっている人でないとわからない。この「狙い越し」を再現することで、「レーザークレー」は高い評価を得ることになる。

もう一つ、レーザークレーでは技術的な問題にぶつかった。光線銃のときは、的は動かない。置いてある的を狙うだけだった。そこで、的の中に自由に光センサーを埋め込むことができた。しかし、レーザークレーの場合、的であるクレーは弧を描いて飛んでいく。動く的にセンサーを埋め込むというのはできない相談だ。そこで、クレーはスクリーンに光で描くことにして、光線銃の側に光センサーを埋め込んだ。つまり、通常の常識とは逆に、銃は光を受け止める装置になっているのだ。「光線銃が光を発し、的がその光を受け止める」という常識から離れてみたわけだ。常識から離れてみることによって、光線銃シリーズはさらにさまざまなバリエーションを産み出していくことになる。

「鉄砲買ってください」「なんでや」

光線銃をずっと作っていたころ、あるとき社長がどこかの新聞か何かで、空気銃の射撃競技を光線銃でやるというような記事を見たらしいんですね。で、私のところに、「こんなことやっているんだったら、ウチの光線銃で競技ができないのか」という話があったんです。

ただ、空気銃競技を光線銃でやってもあまり面白くはないだろうと。見ていると、ショットガンを使ったクレー射撃の方がどうもかっこいい。そこで、とにかくクレー射撃をいっぺん自分でやってみようと考えて、社長に「鉄砲買ってください」と言ったら「なんでや」と驚かれました。で、説明をして会社で鉄砲を買ってもらったんです。自分で実際にクレー射撃をやってみたら、けっこう楽しくて、光線銃でシミュレートできるという実感もつかみました。

的が光線を出して、銃が受け止める

「レーザークレー」は光を発しているんではなくて、受光銃なんですね。スクリーンに映し出したターゲットを、銃の中のカメラで受け止めるという仕組みなんです。

さらに、ターゲットの光を点滅させて、信号を乗せたのです。こうすると、太陽光や室内の照明なんかの光を間違って認識することはなくなって、ターゲットだけに反応するんですね。ターゲットは常に点滅信号になっていて、銃の引き金を引くと光を読み取る。それで受け取った信号が一致していれば命中、ということになるのです。このような技術は防犯機器なんかの世界では、ごくありふれた技術だったようですね。鉄砲に使った人はいなかったでしょうけど（笑）

「狙い越し」を再現したレーザークレー

これは私の特許になっているんじゃないかと思うんですけど、クレー射撃というのはクレーが10メートルほど下から45度ほどの角度で飛び出すんですね。で、そのクレーを直接狙って撃つと外れてしまう。クレーが飛んでいるちょっと先を狙って撃つんですね。「狙い越し」というテクニックですけど。それを光線銃でどうやって再現するかという問題がある。プロがやれば、必ず狙い越しをします。自分でクレー射撃をやったときに、この遊びのポイントは狙い越しだと思いました。これを再現しなければ、クレー射撃とは言えないと。

それで考えたのが、目に見えない赤外線でクレーの前に本当のターゲットをつけたんです。実際に見えるクレーの形をしたターゲットのちょっと先に、赤外線の本当のターゲットが飛んでいる。狙い越しをして撃つと、ちょうどうまいぐあいに赤外線ターゲットに当たるようにしたんです。この工夫は、クレー射撃を実際にやっている人にはたいへん好評でしてね、「クレー射撃の練習に使いたい」と言ってくれた人がずいぶんいました。

このレーザークレーに関しては、もう一つ説明しておくことがある。横井氏の仕事の節目となった作品だからである。このレーザークレーは、アーケードゲームをはるかに越えた規模で作られたものだ。ゲームセンターの一角に機械を置くというのではなく、ボーリング場などの広いフロアをまるごとレーザークレーにしてしまうものだった。つまり「室内レーザークレー場」を作ったのだ。横井氏自身も「単なるゲームではなく、スポーツとして定着させたかった」と口にするように、これを大型アーケードゲームとして理解してしまうと、今後の横井氏の仕事が見えにくくなる。

当時の任天堂は、玩具メーカーからの脱皮を必死に模索している最中で、その大きな柱がこの

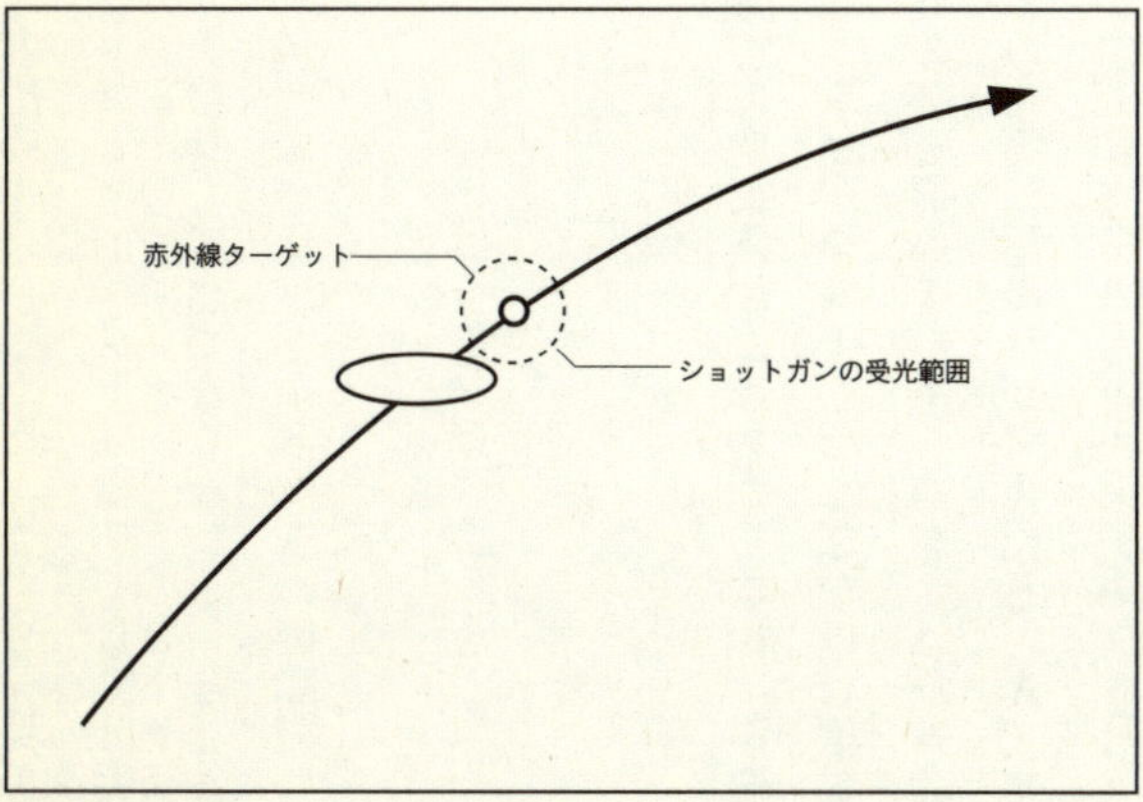

狙い越しの仕組み
目に見えるターゲットの先に「見えないターゲット」が飛んでいる

レーザークレーだった。いわば社運を賭けた商品だったのだ。

結果的にオイルショックという不幸に見舞われて、このレーザークレーは商品としては失敗に終わる。しかし、まわりの評判はたいへん好評で、横井氏自身も残念でならないという。これからしばらく横井氏は、このような大掛かりなレジャーシステムやアーケードゲームの開発に専念する時代が続くのである。

電気屋かと思ってたら機械屋だったんですね

クレー射撃というのは、競技者にはクレーがどっちの方向に飛ぶかはわからない。声をかけるタイミングでどっちに飛ぶかが決まる。ですから、レーザークレーもそうしなければなりません。ターゲットを映し出すプロジェクターは常に8の字を描いていて、声をかけた瞬間に固定されてそっちの方向に飛んでいくと。そういう仕組みを電気屋の私が考え出したんですね。

いちばん苦労したのは、クレーが遠くへ飛んでいって、小さくなりながら落ちていくという指数関数的な動きですね。クレーの映像を機械的にだんだん小さくしていくにはどうしたらいいのかと。いろいろなカム[1]を組み合わせて、絞りの絞り方で工夫するしか仕方がない。レンズでやったら簡単なんでしょうけど、もうすでに絞りの部品ができてしまっていましたから。カムの組み合わせなんかは、結局自分で図面を引いたんです。まわりから「横井さん、電気屋かと思ってたら機械屋だったんですね」と言われました。

1 運動の方向を変換する機械要素・部品。例えばエンジンのバルブ開閉部カムは、エンジンの出力軸から得た回転をバルブの開閉に利用する。

オイルショックのあおりを受けて……

その当時は、ボーリング場がどんどんなくなっている頃[2]で、その跡地を利用して「レーザークレー」という商品を企画したんです。クレー射撃のプロの人なんかにも手伝ってもらって、とても評価を受けて、当初はすごい勢いで増えていったんですけど、昭和48年のオイルショックで、途端にパタンと止まってしまったんですね。

結局、たいへんな損害を会社に与えることになってしまった。それも注文はどんどん入ってきて、材料を準備した途端にぱたっと止まったわけですから痛かった。そこから任天堂の苦しみが始まるんですね。

2 当時は数百メートルごとにボウリング場があったほどの「ボウリング・ブーム」と呼ばれる流行ぶりを示していたが、飽和状態になっていた。

ワイルドガンマン

１９７４年（昭和49年）アーケードゲーム

レーザークレーは評価は高かったものの、オイルショックと重なってたいへんな損害を会社に与えることになった。それ以前の任天堂の商品はあくまでも玩具で、単価が一万円以下のものが中心だった。しかし、レーザークレーは大仕掛けのレジャー施設で、この失敗は玩具とは桁が違うのである。これ以降、任天堂にとっては辛い時代が１９８０年のゲーム＆ウオッチの登場まで続くことになる。

ところが「辛い時代」と言っても、それはあくまで会社の台所がという意味で、開発マン横井氏は次々とアーケードゲームの名作を生み出していく。読者の中にも読み進めるにしたがって「あ

業務用チラシ

あ、あれのことか」と思い出す方もいらっしゃるだろう。

アーケードゲームとして最初に横井氏が作ったのは、「ワイルドガンマン」という射撃ゲームだ。うまく当たった場合と、当たらなかった場合で違う映像が現れるというのがこのゲームの面白さだ。今から考えると、ゲームとしてはごく当たり前のもののように思えるかもしれないが、当時はコンピュータグラフィックスはもちろん、ビデオすら普通には使われていない時代。16ミリフィルムを利用して、映像を分岐する仕組みを作り上げたのだ。

また、ワイルドガンマンのバリエーションである「ファッシネーション」は、現在でいう脱衣ゲームのはしりである。こちらもゲームの歴史を考える上ではなかなか見逃せないゲームだ。

どうせやるなら、おおげさに作ってやろう

レーザークレーなんかで、おおげさなものを作ることは慣れていましたから、今度も「どうせやるならおおげさに作ってやろう」と、「ワイルドガンマン」を作ったんです。私にしてみれば、採算を度外視した試作品にすぎないのですけど、とりあえず試作してみたら、すごく評価され

て、「販売した方がいい」と言われまして。それで、販売することになったんです。

ワイルドガンマンはアメリカ西部劇の早撃ちゲームですね。画面の中にガンマンが出てきて、そのガンマンより遅く抜いて早く撃つというゲームです。それで映写機を2台準備して、勝った映像と負けたときの映像を自動的に切り替えるようにしました。うまく当たったときはガンマンが倒れる映像、はずれたときはニヤッと笑って立っている映像ですね。

引き金を引くと、煙がわあっと立ち上がるシーンを入れました。そこで、映像を切り替えるわけです。映写機が切り替わる瞬間を煙の映像でごまかしたわけです。でも、見た人はびっくりしましてね。「なんで勝ったときはばったり倒れて、負けるとガンマンが笑っているんだ」って。

それで、ゲームセンターが看板がわりに置きたいということで、たくさん注文がきたんですよ。でも、これは量産することは考えていない機械ですからね。16ミリのフィルムなんて、耐久力なんかまるでないわけです。

本来フィルムというのは、機械に負担をかけないように切れやすくできている。そこで富士フイルムも巻き込んで、テトロン（ポリエステル繊維）の切れないフィルムを開発してもらいました。「そんなフィルムを使ったら、機械がつぶれる」と言われましたけど、「フィルムが切れなければ機械がつぶれてもかまわない」って言い張って。それである程度の耐久性が生まれたんです。

エンドレステープは機構的にフィルムが傷つきやすいので、友禅方式というのを考え出しました。全部プーリー（滑車）で巻くようにしたんですね。こんないろいろ工夫をして、やっと五百回とか千回とかの耐久性になったんです。

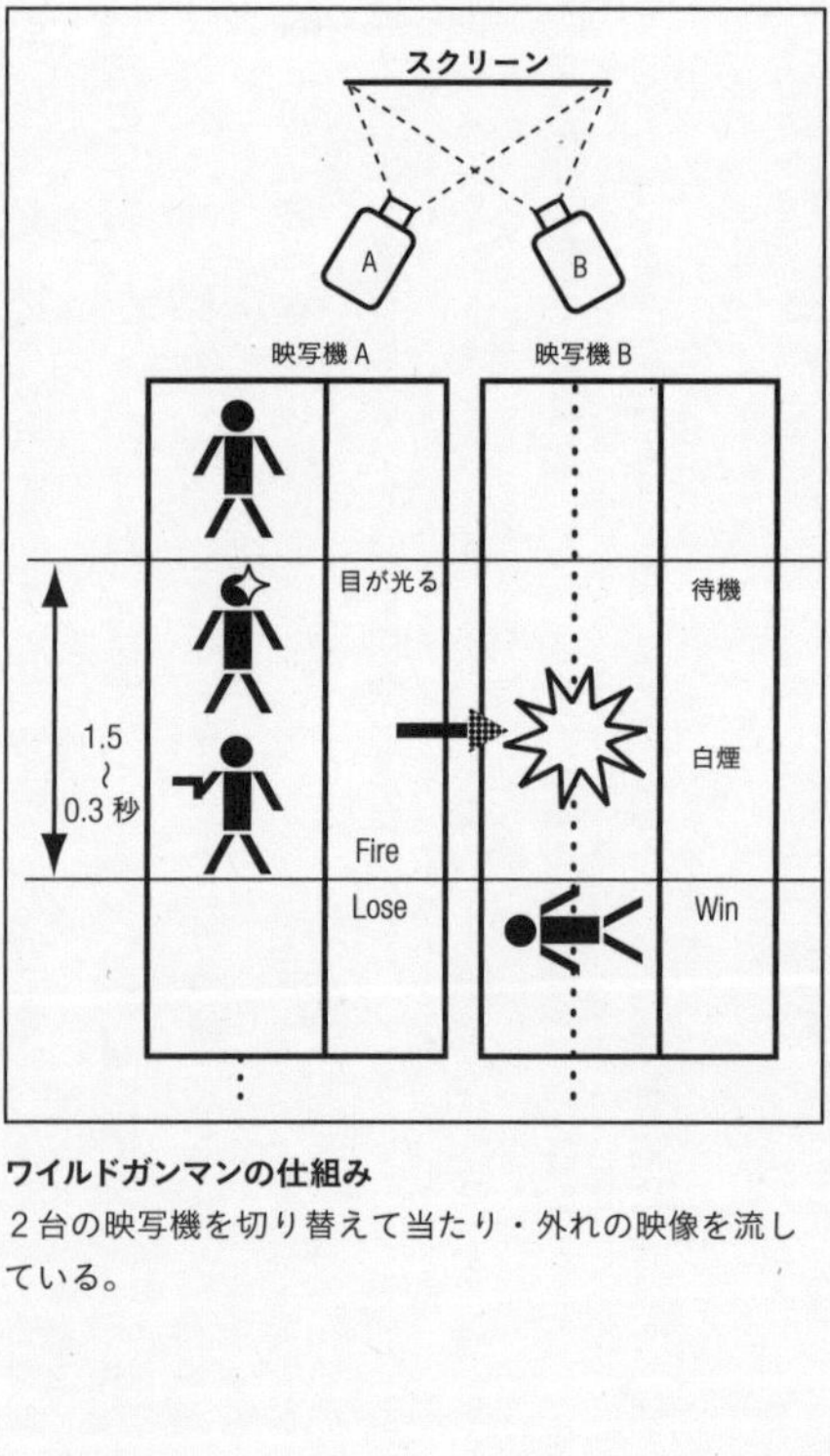

ワイルドガンマンの仕組み
２台の映写機を切り替えて当たり・外れの映像を流している。

実写映像で金髪の女性が……

ワイルドガンマンを発表するときに、新聞記者は男ばかりなので、なにか面白いことができないかと作ったのが「ファッシネーション」です。女の子が音楽に合わせて踊っていて、映像が止まって洋服の結び目を指差すわけです。そこを撃って当たると、服が脱げ落ちる。一回も失敗しないで全部当てると、丸裸になるんですね（笑）。

これが受けましてね。売るつもりではなかったんですけど、新宿のゲームセンターが試作品を持っていってしばらく置いていました。なにしろ実写映像ですからね、そりゃ受けました。スウェーデンのモデルを使いまして、私も撮影に立ち会いましたけど、それはきれいなモデルさんでした。当時はコンピュータグラフィックスの時代じゃなかったですから、実写映像が自分でどうにかできるという面白さを狙ったんです。まあ、今だったらビデオテープで簡単にできるんでしょうけど、当時は16ミリフィルムしかありませんでしたから。

ワイルドガンマンは面白いと見えて、世界中に売れました。といっても、全部で百台ぐらいですけどね。それぐらいやらなければならないほど、任天堂は苦しかったんですね。脚光は浴びたけど、売るにはたいへんな代物だったんです。神戸のゲームセンターで置いたら、黒山の人だかりになって、警察から交通渋滞になるというんで怒られたこともありました。

このゲームのおかげで、「本物は誰だ」というテレビに出ることになりました。「このゲームを作った本物さんは誰だ」というわけでね。解答者が宍戸錠[1]江利チエミ[2]司会者が土居まさる[3]でした。任天堂の儲けにはつながらなかったですけど、インパクトだけはあったようです。

---

1 日活アクション映画時代を飾った名俳優。発言部は映画の衰退後に宍戸がドラマやバラエティに出演しはじめた頃を指す。
2 美空ひばり、雪村いづみとともに「三人娘」と呼ばれたひとり。歌手、映画・舞台女優として昭和を飾るも１９８２年死去。
3 文化放送出身のフリーアナウンサー。「ＴＶジョッキー」「象印クイズヒントでピント」などでの名司会が印象的だったが、１９９９年死去。

バトルシャーク、スカイホーク

1977年（昭和52年）アーケードゲーム

ワイルドガンマンはアーケードゲームといっても、実は正式な商品ではなく、もともとは試作品だった。これがあまりにも評判がいいので、販売をしたという形だった。その次に制作したのが「バトルシャーク」「スカイホーク」で、こちらは最初から販売することを念頭において開発をしたものである。どちらのゲームも、ひとことで言えば「シューティングゲーム」に分類されるが、実写映像を使っているのが大きなポイントだ。現在であれば、コンピュータで実写映像を流すことも、ビデオを使うこともいとも簡単な話。ところが当時は、実写映像と言えば16ミリフィルム

写真は業務用チラシ

を使う以外方法はない時代の話である。ゲームセンターを覗いてみれば、まだインベーダーゲーム[1]は登場しておらず、クレーンゲームやピンボール、コインゲームが主流だった頃だ。この時代に実写映像というのは強烈なインパクトがあった。

このバトルシャーク、スカイホークで面白いのは、プレイヤーは高速艇なり戦闘機なりを狙っているつもりになっているが、実は筐体の中に隠されている単なる白い点を撃っていることだ。実写映像を表示して、それを光線銃で撃っても、当たり判定をするのはたいへん難しい。そこで、プレイヤーが握っている銃は完全なダミーにして、筐体の中に連動して動く別の光線銃が仕込んである。この隠し銃が実際には、的を撃っているわけだ。

1 タイトーが1978年に発売したアーケードゲーム「スペースインベーダー」のこと。

実写映像で度肝を抜いてやろう

「バトルシャーク」「スカイホーク」は、16ミリフィルムを使ったゲームのバリエーションです。原理はワイルドガンマンと同じですね。バトルシャークは高速艇を撃つ、スカイホークは戦闘機を撃つというゲームです。

フィルムを上下二つに分けまして、上の部分には戦闘機などの映像があって、下にはそれに対応した位置に白い点がある。機関銃で戦闘機を狙うと、実は照準がずれていて、実際には下の白い点を撃つことになる。それを何回か当てると、鏡で戦闘機が爆発した映像に切り替わる。この爆発する映像は下の部分に仕込んであるわけです。

この頃は、「実写映像で度肝を抜いてやろう」という気持ちがあったんですね。

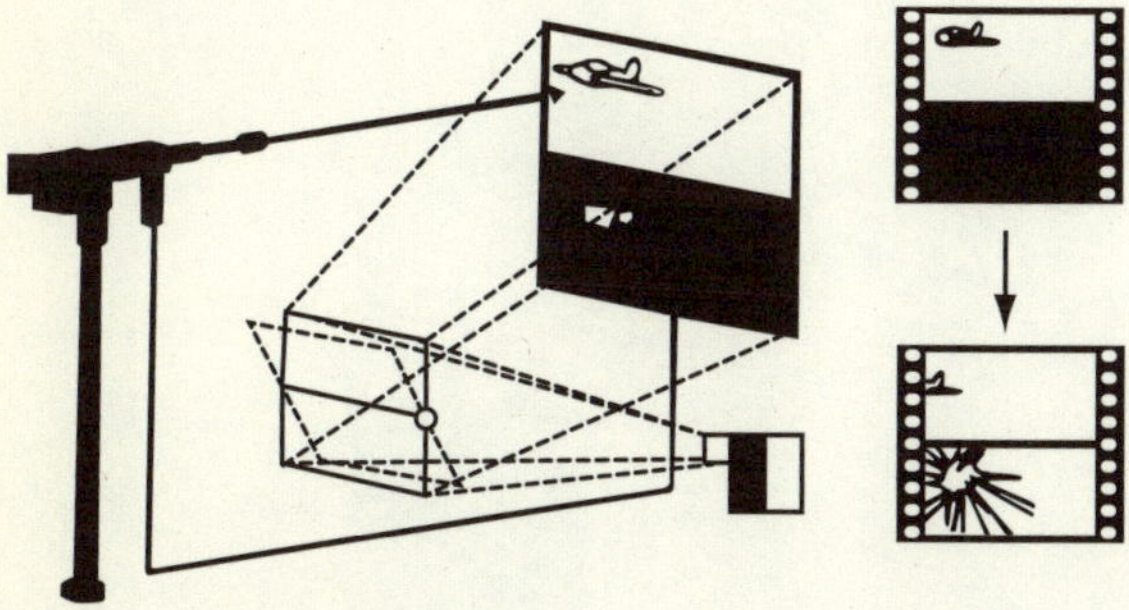

バトルシャークの仕組み
フィルムの上下を鏡で映し分けることで、当たり判定と映像の切り分けを実現している。

ダックハント

1976年（昭和51年）　発売当時の価格＝9500円

任天堂と横井氏のアミューズメントへの挑戦は、あまり芳しい結果を挙げることはできなかった。レーザークレー、ワイルドガンマン、バトルシャークなど、個々のゲーム機については人気を得ることもでき、現在でも名作という呼び声は高い。しかし、それを利益に結びつけることはなかなか難しいことだったようだ。「私自身は、アーケードだとか家庭用ゲームだとか、特に意識したことはありませんでしたね。とにかく、自分の作ったものが受ける、これが面白かった。それと、なんとか会社に貢献しようとして無我夢中だったたんです」

これを機に横井氏は、古巣である家庭用ゲーム玩具の世界に戻ってくることにな

る。その復帰第一作とも呼べるのが「ダックハント」だ。

この家庭用ゲームは、壁に光でカモの形が映し出される。これを光線銃で狙って撃つと、光で描かれたカモがバタバタと落ちていくというゲーム。光線銃シリーズの流れの中に位置づけられる作品だ。しかし、単なる光の的を光線銃で撃つと、どうして当たるのか。メカニズム的には、ここがたいへん興味深いゲームだ。後にダックハントは、ファミコンソフトにも移植される。こちらは、光線銃でテレビ画面のカモを撃つというゲームである。

これは何で当たるんだ?

「ダックハント」は、「これは何で当たるんだ」と、よく言われましたよ。機械を壁に向けると壁にカモの映像が映る。これを光線銃で撃つゲームなんですね。壁に移っているカモの映像を撃つと、カモがばたばたという落ちていく映像に切り替わる。

カモの映像はプロジェクターから鏡に反射させて、映しているんですけど、カモの映像を撃つと、そこに光線銃の光が加わる。それが鏡を逆に伝わって、プロジェクターに戻ってくるんです。プロジェクターのそばには、ワンショットマルチのセンサーがあって、そこで当たり判定をするわけです。これが不思議がられましてね。

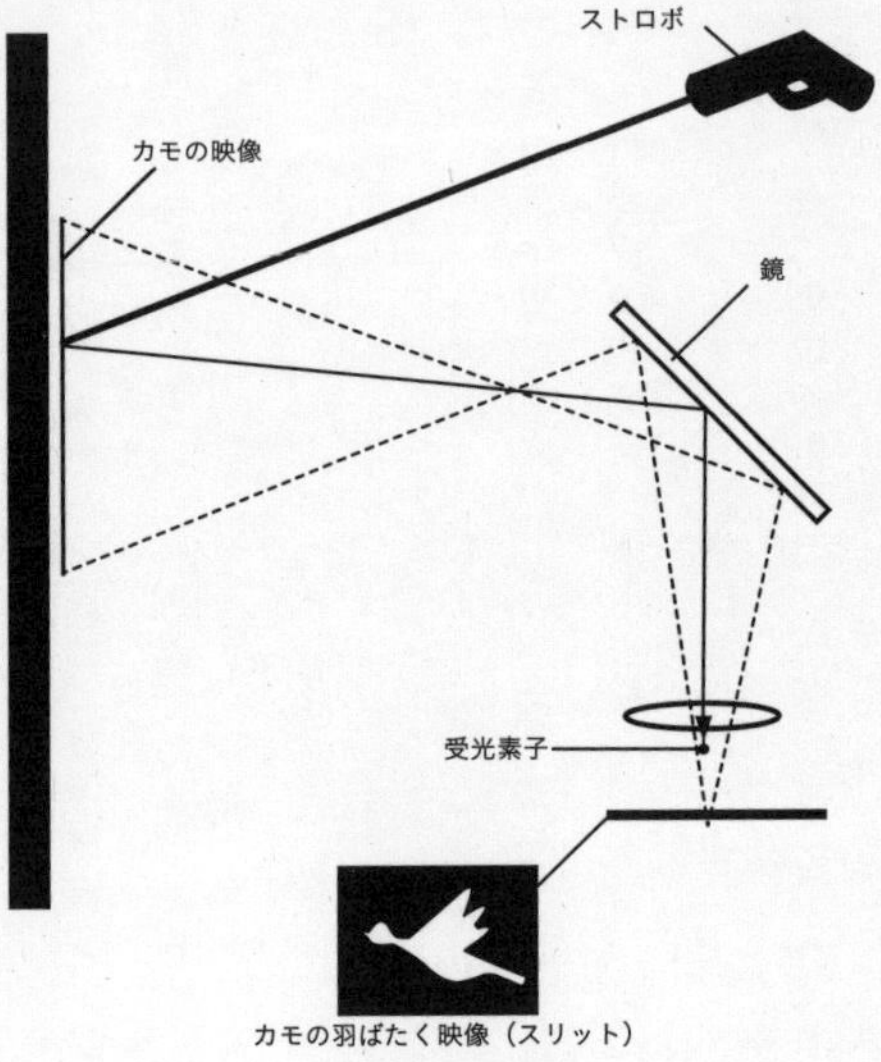

ダックハントの仕組み
銃から発した光は鏡に映ってセンサーに届く。

ストロボを使った光線銃カスタムを作ったときに、なにしろ200メートル届く光ですから、あり余るパワーがあるなと。このパワーを利用できないか、というのが発想の元ですね。

たった1フレームの当たり判定

ファミコンソフトのダックハントは、引き金を引いた瞬間に画面が暗転して、カモの位置に白い四角が移る。これを感知したら当たりという仕組みです。1フレームだけなので、目には見えないんですね。

でも、これだとどうしても画面がちらつくので、後の「スーパースコープ」[1]では走査線[2]を感知する方法になりました。走査線を利用した場合は、ゲームを始める前にいったん照準合わせをしなければならない。ですから、ダックハントの方が誰でも気軽に楽しめるのですね。

1 任天堂がスーパーファミコンの周辺機器として「スーパースコープ6」と同梱する形で1993年に発売した赤外線ワイヤレス式のコントローラ。肩に担ぎ片目で覗き込むように使用する。

2 ディスプレイを水平に横切る紐状の軌跡。この数が多いほど解像度の高い画面となる。

ぴくっと止まってバーッと飛び込んでいく

ダックハントでは、カモが飛び出すところを撃つんですけど、カートゥーン（アニメ）で犬がカモを追い出すときに、定規のようにぴくっと止まってバーッと飛び込んでいくイメージがあって、それを使いたかったんだけど、デザイナーにはそのイメージがうまく伝わらなくて。やっぱりアニメは見ていないと伝わらないものなのですねえ。

もともと私は自然科学が好きでして、アニメでも自然

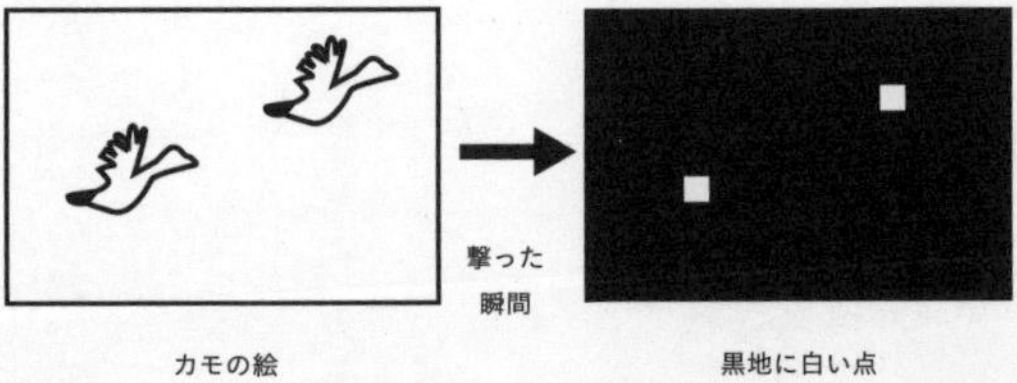

ファミコン版ダックハント
撃った瞬間だけ画面が真っ黒になり、カモの位置に白い四角が映る。

科学的にありえないギャグが好きなんですね。木の枝を切ったら、枝ではなくて自分の方が落ちてしまうとか。だから、鉄腕アトムなんか好きでした。あれは自然科学の法則にのっとったマンガでしたからねえ。

テレビゲームと光線銃は合わない

光線銃シリーズはいちおうここまでなんですけど、やっぱりテレビゲームと光線銃とはちょっと合わない。最近、ピストルもののテレビゲームが出てきていますけど、ひとことで言ったら「やることがなくなっている」んではないでしょうか、作る側が。

我々もテレビゲームの光線銃を作っていたころは、「これで飽きられたらどうしたらいいんだろう」と思いながらやっていたわけです。何か画面に対して違うことをやりたいと思うと、鉄砲がいちばん簡単に考えつくことだし、鉄砲を組み合わせてみれば何か違うゲームになるんじゃないか、という推測でやっているんじゃないでしょうか。けど、それがかつてのゲームを凌駕するものになるとは思えませんね。

光線電話LT

1971年（昭和46年）発売当時の価格＝9800円（2台セット）

横井氏は自分の哲学、発想法を評して「枯れた技術の水平思考」と呼んでいるが、実はかなり斬新な最先端のものをときとして作ってしまうことがある。この「光線電話」というのも当時としては、かなりハイテクな玩具であった。「光線銃の太陽電池が余っていたから、作ったんですよ」と横井氏は言う。今でこそ、携帯電話やテレビリモコンで赤外線通信は珍しくないが、四半世紀前に、なんと話ができる「電話」として実現してしまっていたのだ。当時は無線トランシーバーさえ、まだまだ高価で子供には手の出ない玩具だったのだ。

この光線電話は、商品としてはあまり芳しいものではなかったらしい。今考えても、あきらかに時代の先を行き過ぎた玩具であることがよくわかるはずだ。もともとこの玩具を作るきっかけ

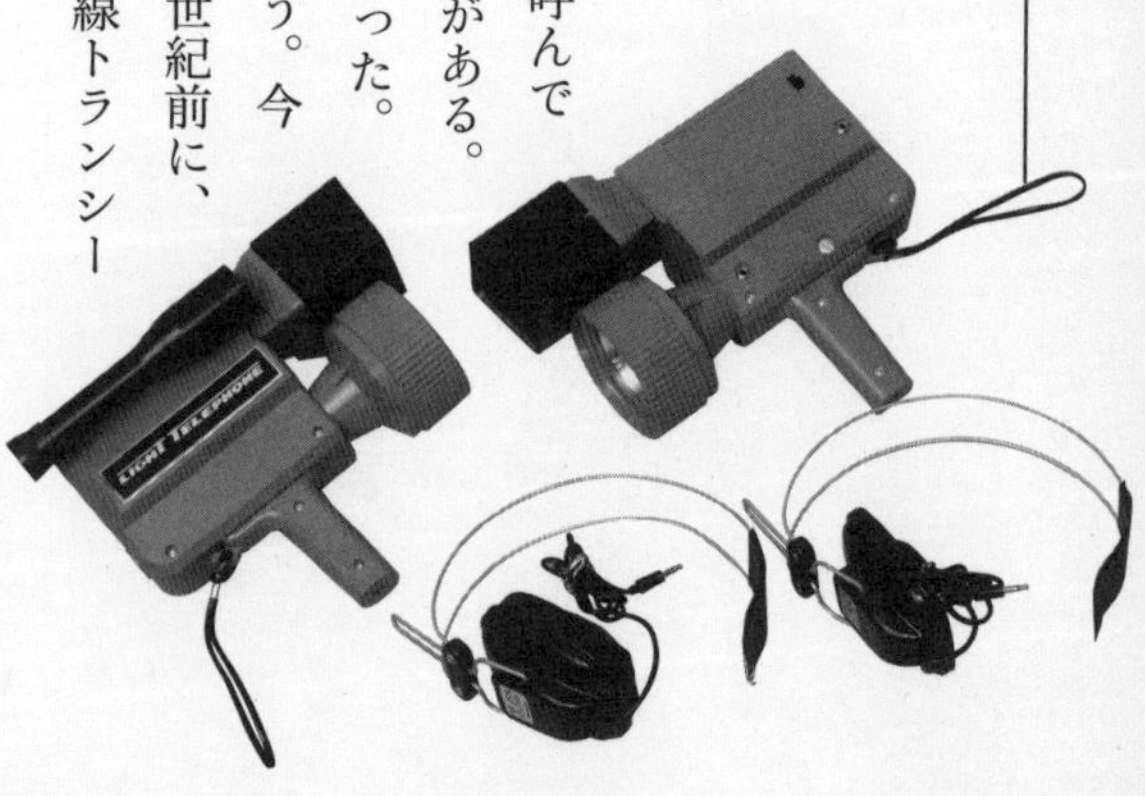

になったのが、何台かの自動車でツーリングを楽しんでいたときに、自動車間で会話を楽しみたいというものだったという。

光に音声を乗せて

「光線電話」というのは、向こうの光を覗いた状態でマイクロフォンに話をすると、光に変調波[1]が乗って届くんです。懐中電灯の光で100メートル、200メートル離れても話ができるんですね。ガラス越しでも問題がなくて、車同士で話すことを考えていたんですね。ただ、なにぶん二つなかったら役に立たないものだけど、二つセットだとべらぼうな金額になってしまう。

実は、太陽電池が余っていたもので、こういうものを考え出したんですけど、実用的には電池を食うとか、音声が明瞭でないとかいう問題があって、物珍しさはあったけれども、実用には向かないどっちつかずの商品になってしまいましたね。セットで一万円近くになってしまいました。懐中電灯の光で本当に変調波が乗せられるかという実験もかねて、作ってみたんですね。ま、苦肉のアイデアですわ。

1 映像、音響などの情報を電波に乗せて通信する場合、その情報に応じて最適な電気信号に変換する操作を施す。変調波とは、そうして変調された搬送波のこと。

「光の音」を聞く

例えば、光の音を聞くという楽しみ方もしていました。任天堂の横を京阪電車が走っていまして、京阪電車のヘッドライトの音を聞いてみたりして。まあ、シャーッというノイズしか聞こえないんですけど、それはそれで面白かったですね。「光が聞こえる」というのが、ちょっと不思議な感覚でしたから。

ブロックとジャイロ

1985（昭和60）年発売当時の価格＝4800円～5800円

ほとんどの人が覚えていないと思うが、横井氏の作品である「ブロック」と「ジャイロ」は、ファミコンソフトとしてはかなり異色な存在だ。ソフトの他に、ロボットがセットになってついてくる。ファミコンの操作パッドでロボットを操作すると、コードで結ばれているわけでもないロボットが動くというものだった。ロボットへの命令信号は、テレビ画面を点滅させるという仕掛けになっているのだ。原理としては光線銃シリーズの応用だが、玩具としてはたいへん傑出したものとなった。

この玩具は、任天堂がアメリカ進出するときにたいへん大きな役割を果たした。ファミコンは、日本での受け入れられ方は「とにかく安いテレビゲーム」というものだった。そこが受けて、大

量に普及し、ソフトハウスもどんどん参入するというプラスのスパイラルにうまく乗ることができた。しかし、アメリカでは事情が違った。まず、テレビゲーム自体、すでに枯れた市場だったのだ。

すでに、数社からテレビゲームが販売されていたが、質のよくないゲームソフトが蔓延するというアタリショック[1]が起こり、市場の熱は完全に冷めきっていたというのが実情だった。そこへ任天堂のファミリーコンピュータをどうやって売り込むか。日本と同じように「安いテレビゲーム」というセールスポイントだけでは、大きな成功は望むべくもない。そこで、光線銃やロボットをセールスポイントとして、「エンターテインメントシステム」として売り出したのだ。つまり、テレビゲームではない、いろいろな遊び方が楽しめる新世代の玩具だという売り方である。だから、ネーミングもNintendo Family ComputerではなくNintendo Entertainment System（NES）となったわけだ。

このアイデアは大成功して、NESはまたたく間にアメリカ市場に受け入れられていく。一度浸透してしまえば、後は日本と同じように優秀なソフトを販売して、ユーザー層を拡大するというプラスのスパイラルに乗ることができた。ファミコンのアメリカ進出を語るうえで、光線銃とロボットは落とすことのできないエポックな商品なのだ。

1 1982年、アメリカのクリスマス商戦で発生した家庭用ゲーム機の売上不振のこと。「Video game crash of 1983」と呼ばれる。

ロボットはファミコンの延命策

もともと、ファミコンの光線銃ソフトというのは、延命させるために作ったのです。さらに別の延命策として、立体のものと組み合わす遊びはないだろうかと、それでロボットを考えたのです。もちろん、ロボットが勝手に動いたのでは面白くない。インタラクティブに動かなければ意味がないですね。それで、光線銃のときはテレビ画面で信号を送るという方式を使っていたので、これを利用することを考えました。ロボットの目を画面の方に向けると、画面の点滅信号をキャッチして動くというものです。コントローラーを動かすと、画面に信号が出て、それをロボットが受けて、ブロックをコントローラーどおりに動かすと。そういうゲームです。

つくば万博[2]でロボットがコマ回しをするという展示があったでしょう。あれが頭にあって、「ジャイロ」を作ったのです。コマを動かすことによって、ボタンが押せるというものでした。

2 1985年、茨城県つくば市にて開催。通称「科学万博」。

アメリカ上陸の露払いとなったロボット

アメリカでファミコンを売り出すことになったときに、もうテレビゲームでは駄目だということになったんですね。それで、これはテレビゲームじゃなくて、新しいエンターテイメントなんだ、ついでにテレビゲームもできるんですよという売り方をしたんです。ですから、Nintendo Entertainment Systemという名前になったんです。そのときに売り出したのが、光線銃やロボットで、これが導火線になってずいぶんと売れたんですね。それで、ユーザーが増えてくると、普通のテレビゲームカセットも売れ出した。でも、その頃になると、最初の導火線役を果たした光線銃やロボットはもういらなくなっていたんですね。

ロボットに対して画面で送る信号は、肉眼でもチラチラ点滅しているのが見えてしまう。でも、あれはわざとなんですね。そうしないと、どこか線でつながっているのではないかとか、いろいろ使う人が考えてしまいますからね。

ファミリーコンピュータ ロボットのパッケージ

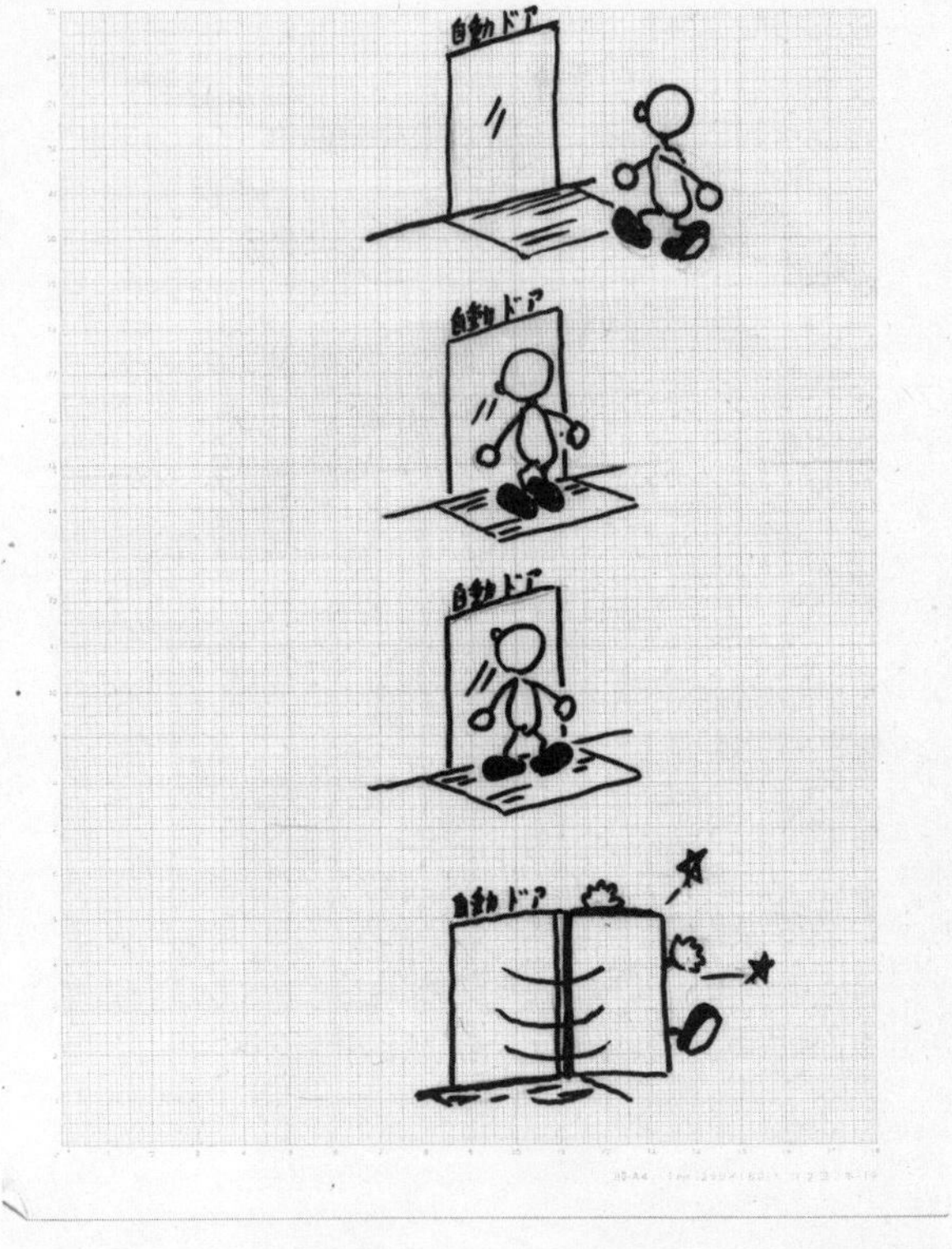

横井軍平のらくがき帖より

第3章　ゲーム＆ウオッチの発明

1980-1983

ゲーム＆ウオッチ

1980年（昭和55年）発売当時の価格＝5800円〜

ウルトラシリーズ、光線銃シリーズ、アミューズメントとさまざまな世界で作品を送りだしてきた横井氏は、次の大きな柱を模索していた。そこで生まれたのが「ゲーム＆ウオッチ」で、後のゲームボーイ（１３８ページ）にまでつながる大きな柱となった仕事である。

当時の任天堂は経営難に苦しんでいたが、このゲーム＆ウオッチのヒットにより、過去の負債をきれいさっぱり返済し、経営は一気に好転。それどころか、多額の利益が出る企業に変貌してしまったのである。売上高を見ても、ゲーム＆ウオッチ以前は１５０億円程度だったのが、ゲーム＆ウオッチ発売の翌年には６００億円を突破。ここから、ファ

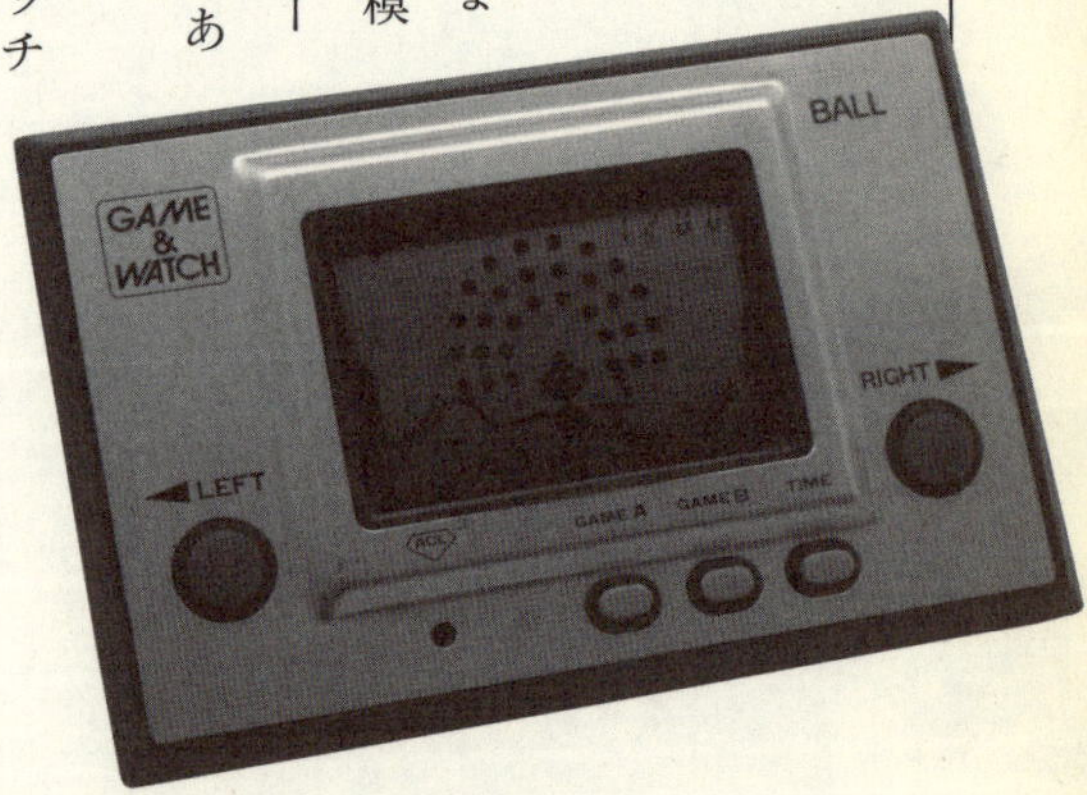

ミコン、スーパーファミコン、ゲームボーイと任天堂の快進撃が始まる。このゲーム&ウォッチは大ヒット商品となり、その年の「ヒット商品番付」の上位にランクされたが、これだけではこの商品のすごさはわからない。国内よりもむしろ海外で売れているのだ。任天堂の世界進出も、まさにゲーム&ウォッチから始まったわけだ。

このゲーム&ウオッチで、横井氏の仕事の方向性も大きく変わる。ゲーム&ウオッチは、ハードとソフトが一体になった商品なので、中身のゲームを次々と考え出さなければならないからだ。その中から、ゲーム&ウオッチの最大のヒット作である「ドンキーコング」も生まれてきたのだ。

新幹線の中で発想して、自動車の中で実現

「ゲーム&ウオッチ」は新幹線の中で思いついたんですね。新幹線の中での退屈しのぎにサラリーマンが電卓を使って遊んでいた。これを見ていて「あ。暇つぶしのできる小さなゲーム機はどうだろうか」と。それがそもそもです。ただ、それほどすごいアイデアとはその頃は思わなくて、ただ自分の中で暖めていたというだけのことでした。

これが実現することになったのには、ちょっとしたエピソードがありましてね。私は昔から車が好きで、当時中古車の左ハンドルの外車に乗っていたんです。で、社長は社用車としてキャデラックに乗っていたんですね。ところがある日、専属の運転手が風邪か何かで休んでしまった。社長は、大阪のプラザホテルで会合があるのだけど、左ハンドルを運転できる人間が私以外にいなかった。で、人事部長が私のところにきて、「悪いけど一日運転手をやってくれないか」と言うわけです。

当時、私は開発課長で、やっぱりプライドがあるでしょ。私は運転手なんかじゃないんだというね。で、社長を乗せているときに、何か仕事の話をしなければというわけで、新幹線の中での退屈しのぎの話をしたんですね。「小さな電卓のようなゲーム機を作ったら面白いと思うんですけど」と。「今までの玩具というのは、『大きくして高く売ろう』という発想だけど、電卓のような薄くて小さいゲームだったら、我々のようなサラリーマンでもゲームをしていても周りにばれないじゃないですか」と。ま、社長はフンフンと聞いていましたけど、さほど気にしている様子でもなかった。

ところが、会合の先で、たまたま社長の隣にシャープの佐伯（旭）[1]社長が座ったらしいんですね。そこで、シャープは電卓世界一ですから、私の言った電卓サイズのゲーム機という話をしたらしいんです。そしたら、一週間ほどして、突然シャープのトップクラスの偉いさんが任天堂にばーっとやってきた。私はなんのことやらわからなかったんです。そしたら社長が「君が言った電卓サイズのゲーム機ならシャープが得意だから呼んだんだ」と。それから急に実現化していったんです。

私としては、あくまでも開発課長なんだというプライドで、アイデアの一つとして話しただけなんですね。ですから、その後何事もなかったら、私自身も半年もしたら忘れてしまっていたかもしれない。ですから、世の中はタイミングなんですね。たまたま社長が佐伯さんと隣り合わせじゃなかったら消えていたし、その日運転手が風邪を引かなければ消えていた。

1 1917年生まれ。シャープ二代目社長。一介の町工場、組み立て工場に過ぎなかったシャープを総合エレクトロニクスメーカーに成長させた手腕が現在も高い評価を受けている。

「暇つぶし」の人間工学を追及したデザイン

新幹線の中で大きなゲーム機を出して遊ぶというのは、我々サラリーマンには恥ずかしくてできない。どうしたら、人目につかずにさり気なく遊べるかというと、座ったときに人間は自然に前に手を組む。その姿勢で遊べるというのがいいだろうと考えました。

その状態では、親指で操作するしかない。それで、この横形の筐体ということになったんですね。だから、ゲーム＆ウオッチのデザインは隠して遊ぶためのものなんです。やっぱり、自分がいい年して新幹線の中でゲームなんかして遊ぶことなんかできない、という感覚がありましたから。

ですから、ボタン操作も押すだけというものでした。その後マルチ画面を使った機種が出た頃には、もうゲーム機というのが何も隠して遊ばなくてもいいぐらいに市民権を得ていましたので、十字キーを使った「ドンキーコング」なんかも登場したわけです。隠さなくっても子供たちが買ってくれるという状態になっていましたから。ですから、マルチは大人に売れるとは思っていなかった。子供でじゅうぶん市場になるという考えでしたね。

シリーズ化することによる相乗効果

ゲーム＆ウオッチは、シリーズ化するつもりはまったくなかったんです。ジャグラーというゲームだけは考えていたんですけど。そしたら、社長から「やるのであれば、ゲームのアイデアを二、三種類は出せよ」と言われまして。ジャグラーを考えるだけでも大変だったので、モグラ叩きなんかのゲームを入れてお茶を濁したんです。

そうしたら、相乗効果というのは恐ろしいもので、「三種類ある」というイメージがユーザーにものすごいインパクトを与えて、それぞれがそれなりに売れていった。そしたら「じゃ、次にまた三つか四つ考えろ」ということになって、シリーズ化していったんです。

もうそのときは「こういう考え方でいけばいいのか」ということがわかってきましたので、ゲームのアイデアはもうほとばしるように出てきましたね。

他愛もないことを大げさにやることで、ゲームが面白くなる

ゲーム＆ウオッチは合計で50種類か60種類出たと思いますけど、そのうち50種類くらいは私

のアイデアです。ですから当時は毎日アイデアをひねり出していました。

私の作った中で、名作だなと思っているのは「ジャグラー」「マンホール」「ファイヤー」「タートルブリッジ」などですかねえ。

タートルブリッジというのは、カメが池にいて向こうに渡るというゲームで、カメは魚を追いかけて水の下に潜るんですね。ですから、上に浮かんでいるカメを見極めて渡っていくんです。因幡の白兎みたいなイメージですかね。

他愛もないことも、おおげさにやることで面白くなるんですね。ゲームの基本的なアイデア自体はひととおり出尽くしていたんで、いかに背景を探すかということに夢中になりました。その意味ではアニメなんかが参考になりましたね。

その新しい背景を探すというのもけっこう大変で、社長なんかは「そろそろ三種類ほど作ってくれや」なんて気軽に言うんですけど、「そんな言い方はないやろ、考える方の身にもなってくれ」なんて思いました。

かつては自分で図面を引くために、横にドラフター（製図台）を置いていたりしたんですけど、これを続けているとこだわりができてしまうというので、ゲーム＆ウオッチのあたりから、マネージメントが仕事の中心になっていきました。ただ、ゲームを考えるという仕事になると、デザイナーを集めて、こういう絵を描いてくれだとか、細かい仕事もやっていましたね。最初は画面のキャラクターなども私がコンパスと定規で書いていたんですけど、途中からマンガの得意な部下に任せるようになりました。それから、ゲームの表情が格段に広がって楽しくなりましたね。

マルチ画面の名作「オイルパニック」

マルチ画面のアイデアは、確か社長が言い出したんじゃないかと思うんですけど、「二つのゲームを同時に遊べないか」というようなことだったと思います。ところがこれがものすごく難しい。単純に面積二倍の液晶画面のゲーム＆ウオッチを作った方がよっぽど安上がりで簡単なぐらいです。ところが、二つに分かれてないと意味がない

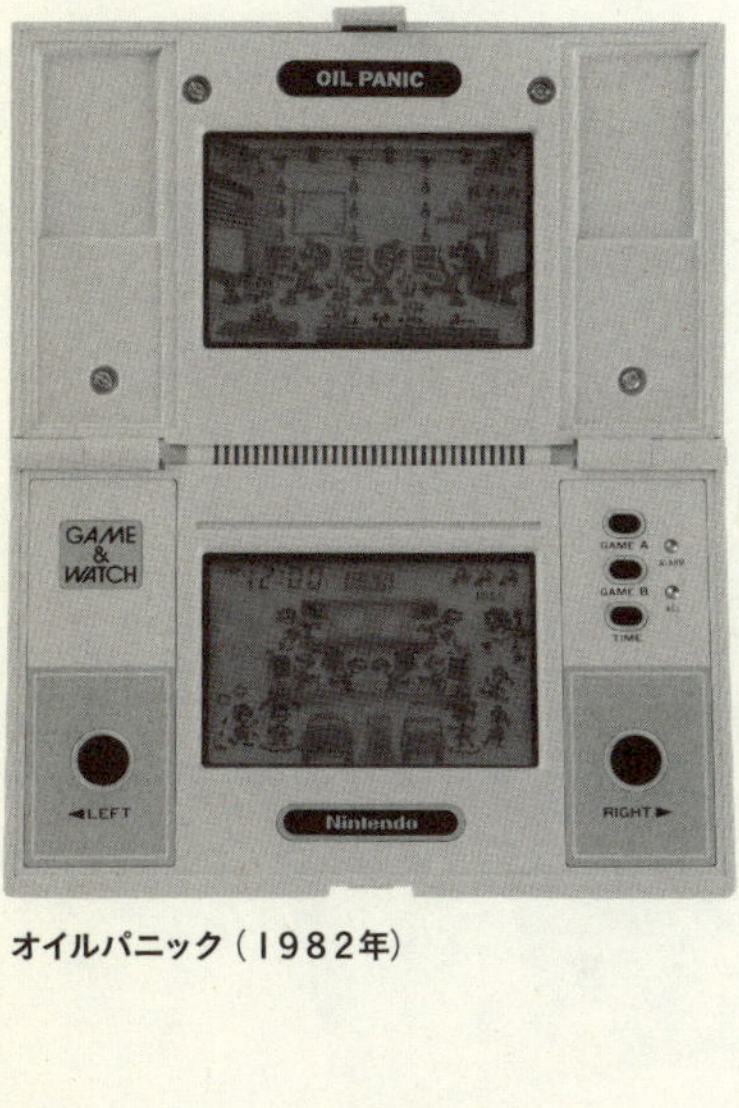

オイルパニック（1982年）

ゲームを考えなければならないわけですから。これは難しいと思いました。

　それでいろいろ頭をひねって思いついたのが、「オイルパニック」なんですね。オイルパニックは、同時に二つの画面を見なければならなくて、自分でも素晴らしいアイデアだと惚れましたねえ（笑）。二つの画面が見事に連動していて、このゲームだけは一つの画面では表現できない。まさに、これぞマルチ画面あってこそのゲームなんです。

1＋1が20にも30にもなった「ドンキーコング」

　ところが、社長から「一個じゃだめだ。もう一種類作れ」と言われまして。それでほとほと困って、以前業務用で作った「ドンキーコング」をマルチに入れようと、部下に話をしたんですね。ところが、ドンキーコングは別に二画面同時に見なくてもいい。で、まあ画面を真

ドンキーコング
ゲーム&ウオッチ版（1982年）

ん中でぶったぎった形で作ってしまった。だから、マルチのゲームとしてはオイルパニックの方が優れているんですね。

ところが、ドンキーコングでは十字キーを使ったり、ゲームの内容がよかったりして、これが爆発的に売れ出した。いまだに名作ですもんね。７００万個とか８００万個とか売れたんじゃないですか。

ドンキーコングは言ってみれば、縦長の液晶があれば一画面でもよかったんです。ただ私自身も気がつかなかったんですけど、画面を二つに分けると、とんでもない相乗効果を産むんですね。ドンキーコングなんか、上下別々に見たらなんでもない単純なゲームです。しかし、二画面に分かれたということで、二十倍どころか三十倍ほどの効果を産むんですね。そういう不思議な効果があるなということがわかったんです。

縦長の一画面だったらそうでもないことが、分けるというだけですごく面白くなる。というのは、上の画面を見ているときに、下の画面がなんとなく気にかかる。これがゲーム性にものすごくプラスになるんですね。二つの画面がくっついていればなんのことはないけど、離れていると「なんであっちも気にしなければいけないんだ」という面白さが加わるんですね。

ゲーム&ウオッチが液晶を救った⁉

当時はシャープも、液晶の使い道というのは電卓以外考えていなかったと思いますよ。今のように、パソコンに使われるということも考えていなかったのではないでしょうか。シャープにしても、電卓でカシオと争って、そろそろ液晶の需要が下がってきた頃でした。ですから、ものすごくシャープにしてはタイミングがよかったようですね。今でも、シャープの偉いさんから「あのとき、ゲーム&ウオッチがなかったら、シャープの液晶はここまできていなかったろう。縮小しようとしていた液晶工場がゲーム&ウオッチで盛り上がったので、今のTFT[2]までつながったんだ」とよく言われます。電卓で使う液晶は小さいけど、ゲーム&ウオッチはその三倍くらいの大きさの液晶を使うんですね。

2 薄膜トランジスタ。主に液晶ディスプレイに応用されており、現在も多くのPCに用いられる液晶。

コピーされてこそ本物

ゲーム&ウオッチに「モグラ叩きゲーム」というのがあったんですね。で、その頃ゲーム&ウオッチのまがいもの、つまりコピー商品が出回るようになってきた。香港で作られたもので、内容はサッカーゲームでした。

初めて見たときは、つまらないまがいものだとしか思わなかったんですけど、ピコピコという電子音に聞き覚えがあった。もぐら叩きゲームにそっくりなんですね、音が。

まさかと思って、モグラ叩きの液晶をはめこんでみたら、ちゃんと動くんですね。どこからか、CPUが流れて、液晶だけつけかえたんでしょうね。もうびっくりしました。

でも、そういうまがいものを見つけると、嬉しいですね。やっぱり、そこまで市民権を得て、コピーされなければ本物ではないんです。「売り上げに響く」といったって、よく調べたらたいしたことはない。任天堂としてもあまり目くじらを立ててはいなかったと思いますよ。ただ、ほっといたら侵食されていくのではないかということを恐れているだけでね。

コピー商品というのは、オリジナルを作るのと同じくらい苦労がいるんですね。ですから、私は素晴らしいものを見ると、それをコピーするよりは、一から作った方が手っ取り早くてオリジナルでいいじゃないかと思うんです。ですから、コピー商品を見ると、よっぽど僕の作品がインパクトあったんだなと、嬉しく思いますね。

「売ってないものをどうして持っているんだ」

ゲーム＆ウオッチでは、世界中を販売活動で歩きました。貿易部が開拓した市場ですね。遠いところでは、スウェーデンとかね。スウェーデンではあんなに流行っているとは思いませんでした。

スウェーデンの空港で飛行機を待っているときに、試作品のゲーム＆ウオッチをやっていたら、隣の人がのぞきこんで、それは「どこで買ったんだ」って。「まだ売ってない」「売ってないものをどうして持っているんだ」「私が作ったから」って大笑いになったことがあります。

ドンキーコング

1981年（昭和56年）アーケードゲーム

　横井氏の仕事の特徴は、ハードウェアとソフトウェアの両方を開発していくことだ。現在ではハードは専門の技術者が、ソフトは専門のプログラマーというのが常識になっているが、横井氏はハードの設計も、ソフトの開発も行なう。つまり、ハードとソフトが込みになって一つの「商品」。横井氏は「商品開発」を行なっているのである。インタビューの間にも、横井氏は一度も自分のことを「技術者」とは呼ばなかった。「難しい技術のことなど、ようわかりませんから」と笑って答えるが、その裏には「ハードだけ作る技術屋でもない、ソフトだけ作るプログラマーでもない。私は商品開発をやっているのだ」という自信がうかがえた。

　と言っても、横井氏はハードの設計もできる、高度なプログラミングもできるというマルチタ

業務用チラシ

レントでは決してない。ハード設計は専門にしても、プログラミング方面はさっぱりだという。ここがたいへん面白いところだ。つまり「自分にできないことは人にやってもらう」という発想で、商品のアイデアを考えることこそ自分の使命であると考えているようだ。技術者やプログラマーはえてして専門の袋小路に入り込み、商品の姿を見失なってしまうことがある。自分の仕事は、そこで消費者の要望と技術者の目指すものを合致させることにあるのだというのが持論だ。

ひとことで言えば、商品プロデューサーの仕事ということになるが、実はこういう仕事をきちんとこなせる人はたいへん少ないのが現状だ。横井氏自身も任天堂を退社して、初めて自分のやってきたような仕事をする人間が少ないことに驚いたという。

１９８１年に誕生した名作テレビゲーム「ドンキーコング」は、まさに横井氏のプロデューサー的な仕事が光った作品だ。横井氏の発想を、才能のあるゲームデザイナー宮本茂氏[1]が実現化していって誕生したのがドンキーコングだ。

1 現在、任天堂代表取締役専務。横井の下で「ドンキーコング」を制作、後の「マリオ」を生み出す。任天堂のコンピュータゲームソフト開発の中心的存在として、世界に名を知られるゲームクリエイターである。

捨てるはずの基板がドンキーコングに変身した

「ドンキーコング」が業務用のアーケードゲームが最初だというのは、あまり知られていないですね。

アーケードのワイルドガンマンを作ったあたりから、お客さんに100円を払わすにはどうしたらいいかということが感覚的にわかってきました。ぱっと見たときに他にはないものを見せたらいいと。「この仕組みはどうなっているんだ?」と思わせたらいいだろうと。お客さんが100円を払ってくれるのはそういうところで、ただ単にゲームの内容だけで引っ張るというのは難しいと思っていたんです。で、プライズマシン、つまりゲームをすると景品が出てくるようなものを作ったりしていました。

その頃に、会社の中で誰かの作ったゲームが売れなくて、三千枚の業務用の基板が残っていた。それで、社長から「この基板を使って新しいゲームにならないか」という依頼が来たんです。

その業務用の基板をどうしたらいいか。三千枚の基板を捨ててしまうしかないのかというぎりぎりの瀬戸際に、そんな相談を受けたのです。そのときはゲーム&ウオッチをやっていたので手いっぱいでしたから、とにかく目の前にある売れ残りの三千枚のうち、ちょっとでも売れたらいいわな、千枚も売れたらじゅうぶん会社に貢献したことになるわなという、非常に気楽な気持ちで始めたんですよ。

もともとはポパイとオリーブのゲーム

当時パッケージデザインをやっていた宮本というのがおったんですね。その宮本君を引っ張り込んで、「ゲーム＆ウオッチでポパイのゲームを作ろう」ということで、いっしょに構想を練っていたんですね。これをそういう事情で、急遽売れ残りの基板に乗せることにしたんです。で、わりとすぐに「下にポパイ、上にブルートを配置して」というゲームの骨格ができあがったんですけど、後でポパイの版権がとれないとわかった。しかたなく、ゲーム内容はそのままでキャラクターだけ変えようということになったんですね。で、変えたのがマリオとドンキーコングとピーチ姫だといういきさつなんです。

かなり後になって、映画会社がキングコングの版権に抵触するという話をしに来たときも、この話をしたんですよ。最初はポパイのゲームを作ろうとしたんだと。

マリオというキャラクターは宮本君が作りました。ポパイをどういう風に変えるかと考えて、工事現場だから作業服を着たキャラクターにしようと。ヒゲをつけたのも宮本君ですね。ただ、このキャラクターは最初私たちは単に「おっさん」と呼んでいたんです。できあがったキャラクターデザインを任天堂アメリカ（Nintendo of America Inc.）に送ったら、向こうの会社で働いているマリオという名前の社員にそっくりだという話になって、いつの間にかマリオという愛称になっていたんですね。

もとのアイデアは夢遊病のオリーブ

ポパイのアニメでね、オリーブが夢遊病かなんかになって、工事現場を歩くというのがあったんですよ。足場がなくなって落ちそうになると、うまいこと別の足場がぱたっと支えたりなんかして、あれがものすごい印象に残ってましてね。だから工事現場ならいろいろできるだろうというんで、ポパイを工事現場に持っていったんです。

工事現場を背景にしようと決めたら、宮本君から「上から樽が転がってきて、それを避けるというものにしよう」という提案がありました。そのときは樽が転がってきたらはしごに登ってよけると。樽が通り過ぎたら、はしごを降りて、また足場を上に登っていくだけという単純なアイデアでした。

でも、それだといかにもフラストレーションがたまるので、「樽が転がってきたら飛び越せるようにしろ」と言ったのが、ボタンで飛び越すというアイデアにつながったんですね。最初は果たして転がってくる樽をボタンなんかで本当に飛び越せるんだろうかという不安があったんですが、実際にやってみたらけっこうできることがわかって、このアイデアを使ったのです。

樽というアイデアは宮本君が、「転がるものだったら樽がいいんじゃないか」と言うんですね。で、工事現場に樽なんかあるのかという話になって、ドラム缶という案も出ましたけど。まあ、たぶん転がっている絵を書きやすいという理由もあったんでしょう。

でも、今から思うと「樽」のイメージというのは強いらしくて、最近の「スーパードンキーコング」なんかは、逆に樽のイメージがもとになって海賊船とかが出てきたんではないでしょうか。

ドンキーコングは当初、ポパイゲームとして出発した。インタビューの中にもあるように、ポパイ、オリーブ、ブルートの三人が高層ビルの工事現場で繰り広げるゲームというのがもともとのアイデアだ。これがキャラクターの権利問題から、ポパイ＝マリオ、オリーブ＝ピーチ姫、ブルート＝ドンキーコングと変更になった。この話は一つのエピソードとしてもたいへん面白い話だが、実はゲーム制作に関するたいへん重要なヒントを含んでいる話でもある。

最近のゲームはいわゆるキャラクターものが多く、一部の少年漫画雑誌など、漫画↓テレビアニメ↓ゲーム↓キャラクター商品という方程式が成り立っているほどだ。しかし、その一方でゲームだけを見てみると、内容的には駄作に近いものが多く、ゲーム市場をしぼませる結果につながるものだという声も多い。

もちろん、有名なキャラクターを使えば、それが商品としてのセールスポイントになるし、そのキャラクターのファンにとってはじゅうぶん満足できるゲームであることには違いない。しかし、キャラクターに頼りすぎたゲームは、やはりゲームとしては評価できないものになりがちだ。横井氏は「ゲームはやはり囲碁とか将棋のようにゲーム自体の面白さが命であって、今のゲームは手を変え品を変えやっているだけのものが多いのではないか」と常々語っているが、その考え方がこのエピソードにも現われているのである。キャラクターがポパイであろうと、ドンキーコングであろうと、ゲームの面白さそのものには無関係だという考え方だ。
そこで、たいへん面白いのが次の話だ。ゲームにおけるキャラクターは操作マニュアルの役目を持っているというのである。

キャラクターはハウツープレイの役割を担っている

例えば、「マリオが進んでいって、敵が現れて障害物にぶつかると死ぬ」というゲームがあるとしますね。このキャラクターをミッキーマウスに置き換えても、ゲームは成立する。もっと極端なことを言えば、「○」とか「△」の記号でもいいわけです。

今あるアクションゲームを「○」とか「△」に置き換えたら、みんな画面の中で似たようなことをやっているんですね。そうすると、ゲームを売り出したときに、お客さんが「○」を動かしたらいいのか、「△」が敵なのか味方なのかわからないわけです。もちろん説明書に書いておけばいいことですけど、説明書なしにしようと思ったら、「△」はいかにも強くて悪そうに見えてくれなければならない。だから、ゲームの世界ではキャラクターというのは、ハウツープレイの役割を担っているんですね。

　ドンキーコングで考えると、左下にポパイがいて、上の方にブルートとオリーブがいる。これを放っておいて、どうやったらお客さんが「ポパイを上に登らせていけばいいんだな」と気づいてくれるだろうか。

　まずはぱっと見たときに「オリーブがさらわれている」というイメージだったら、ポパイを近づけていくだろうと。でも、それでも動かさないユーザーがいたらどうしようと、宮本君とずいぶん一生懸命考えましたね。

　そこで、「上から転がってきた樽を飛び越したら、今度は背後で火がついて後ろから逆回転して追いかけてくるようにしよう」と。そしたら、いやが応でも後ろから追いかけられて上に登っていくだろうと。こうして、画面の中でハウツープレイを説明しようとしたんです。

　ドンキーコングが上に登っていくデモ画面というのも、最初はなかったんですね。最初はポパイでしたから、オリーブ、ブルートとの関係が誰が見てもよくわかるんですけど、コングの場合は敵対関係がよくわからないので、何とかコングを悪者に見せなければならない。そこで女の子をさらって上に登っていく映像を見せれば、ぱっと次の画面に移ったとき、コングが上の方にいれば、登っていけばいいんだなというのがすぐにわかるんじゃないかというわけです。

ゲームで遊ぶ人は、マニュアルなんか読まない

ゲーム&ウオッチを作っていた頃は、誰でもが説明なしにゲームを遊べるかということばかり考えてました。パソコンに慣れている人はマニュアルを読んでから遊びますけど、一般の人は違いますからね。

その後、私は「マリオブラザーズ」という、私の企画したゲームの制作を宮本君にお願いしたんです。マンガ映画(アニメ)で、カメがひっくり返って甲羅をポイッと脱ぐシーンが面白くて、これをゲームにしようと。それで、下からカメを突き上げたらモガモガするというゲームになったんです。カメの他には、カニも出てきます。これは宮本君が出してきたキャラクターで、お伽話から発想がきているんじゃないでしょうか。

後に彼がスーパーマリオ[2]を作って有名になったもんだから、ずーっと最初からマリオは彼の仕事になってしまったんですね。だからね、うちの社員なんかは知っていますから「なんで横井さん名乗り出ないの」(笑)って言うのですけど、「あんなん名前出したってしゃーないやろ」って言ってるんですよ。私としては、自分の考えたゲームがお客さんに受ければそれで満足なんで、誰が作ったなんかなんてことは、わかる人だけわかっていればいいことだと思うわけです。

2 「スーパーマリオブラザーズ」。1985年に発売したファミコン用ソフト。宮本茂がデザイナー、近藤浩治が音楽を担当。社会現象とも言える空前の大ブームを巻き起こした。

十字ボタン（十字キー）※

1983年（昭和58年）〜

※十字キーとは通称で、公式には「十字ボタン」

横井氏は、ゲームや玩具を開発していく中で、さまざまな特許、実用新案を生み出していく。その中でも後にコンピュータ業界や家電業界から脚光を浴びたのが「十字ボタン（十字キー）」だ。

十字キーというのはファミコンの操作パッドについている十字型スイッチのことで、ほとんどの方が使ったことがあるだろう。その後の家庭用ゲーム機も、細かい部分は改良されているものの、すべてがこの十字キーを採用しているのである。それどころか、家庭用パソコン、携帯電話など複雑な操作が要求されるものにも、十字キーがどんどん採用されそうな勢いなのだ。誰も、十字キー以上に優れたものを考え出すこと

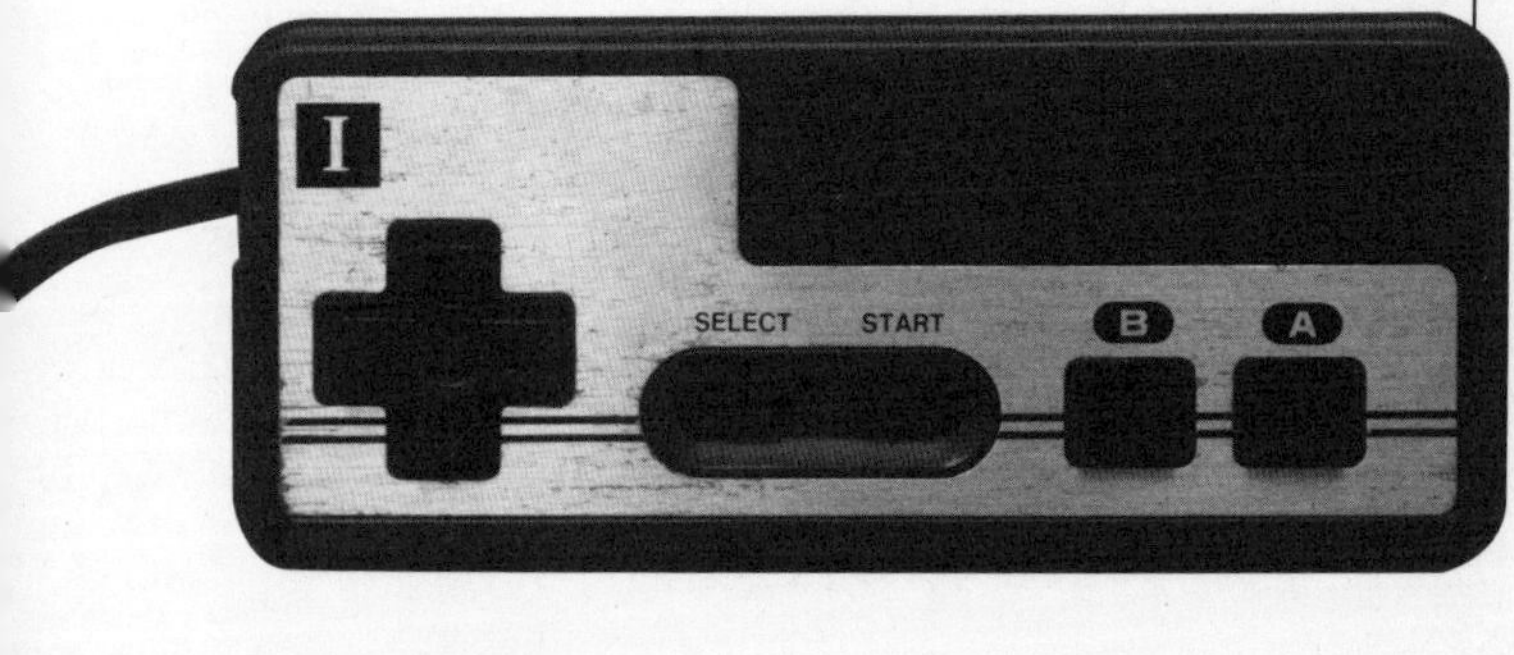

ができないからだ。

この十字キーの原型はジョイスティック[1]である。これを薄型ゲーム機であるゲーム&ウオッチに組み込むために、十字キーが生まれた。その後、部品が一つで済み、耐久性にも優れ、操作もしやすいという数々の利点が発見され、ファミコンにも採用されることとなった。

1 スティック型のコントローラ。

指の感触で押している方向がわかる

「十字キー」を使ったのは、ドンキーコングのゲーム&ウオッチが最初ですね。それまでのゲーム&ウオッチというのは、左右の押しボタンしかなかったんですよ。

ドンキーコングというゲームをゲーム&ウオッチに入れようとしたときに、薄いゲーム&ウオッチに、どうやってジョイスティックを納めようかとずいぶん試行錯誤しました。最初はオッパイ型のコントローラーなんか作ってみたんですけど、どっちの方向に入っているのか、手元を見ないとわからない。いろいろやっているうちに、十字型のキーだったら、手元を見なくても、指の感触でどっちの方向に入っているかというのがわかる。原理は押しボタン四つと同じことなんですけど、十字キーの場合上を押せば、下が浮き上がるでしょう。これが大切なんですね。感触だけで押している方向がわかる。

つまり、薄型のゲーム＆ウオッチにジョイスティックを納めて、なおかつ確実に押している方向がわかるということから考案したんです。

自分ではすごいアイデアだと思わなかった

任天堂には特許課というのがありますが、私自身は自分で「すごいアイデアだ」とか思ったことはな

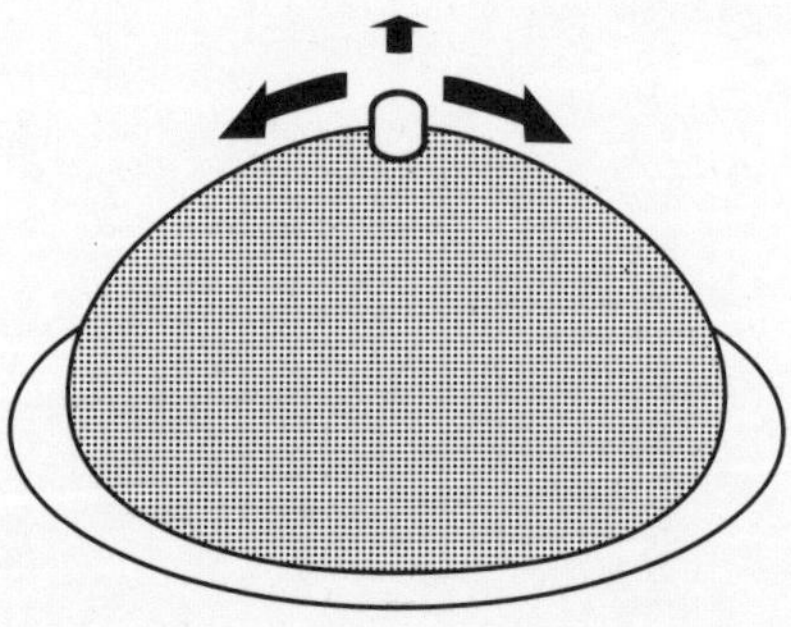

オッパイ型のコントローラーのイメージ

いですね。特許課の方が勝手に特許申請している状態でした。

ですから十字キーなんかもそうで、私は誰でも考えつくことでたいしたものではない、どこもこんなもの真似しないだろうと思っていたので、ほったらかしていたんです。そしたら、特許課の方が「いちおう防御のために申請しますから」と言うんでね。書類を書くのが面倒なので、図面を書いてくれた人間にお願いしたら「発明者の欄はどうしますか」と言うんで、「ほな、おまえの名前にしとけよ」って(笑)。そんなもんですよ。非常にラフな申請しかしなかったんですね。そしたら、後でいろいろなところが真似してきて、特許課が社長に「なんでそんなルーズなことするんだ」とずいぶん怒られていました。

ファミコンのデザインに隠されたこだわり

十字キーはまずゲーム&ウオッチで使って、その後ファミコンを開発していた部署[2]がコストを下げるにはどうしたらいいんだろうと話を持ってきたので、「ファミコンにもこの十字キーを乗せてしまえ」と提案しました。ゲーム&ウオッチは「いかに薄くするか」ということで、ファミコンのときは「いかに安くあげるか」ということなんです。

ゲーム&ウオッチが脚光を浴びてヒットしていたときに、よく社長に講演を依頼してくるところがあったんです。私もよくついていったんですけど。その頃、ぴゅう太[3]とかアタリ2000[4]などのテレビゲームが出てきていまして、よく社長に「テレビゲームはやらないんですか」という質問が出てきたんです。

社長は「四万円も五万円もするものが、娯楽品として売れるわけはない。一万円を切ったら売れるかもしれない」という話を、ちょくちょくしていました。そのとき、すでにファミコンの話は、三菱電機からチップの持ち込みがありましたけど、「一万円を切らないと売れない」という感覚はあったわけです。で、開発二部に「ま、検討しておけ」程度の感じでした。

ところが、ゲーム&ウオッチの次となると、どうしてもテレビゲームしかない。そこで急に社長から「一万円を切るテレビゲームを作れ」という指示が開発二部の方にいったようですね。

普通、技術的に追いかけると一万円を切れるわけがない。そこで、「一万円を切るために、ちょっとでも安くしたいので、ファミコンの筐体、コントローラーを考えてくれ」という依頼が私のところにきたんです。で、いかに安く作るかということを頭に置いて作ったデザインがファミコンなんですね。

ただ、一つだけ、自分のこだわりを入れたのは、イジェクターなんですね。押すとカセットが飛び出すという、あれです。これは今までのテレビゲームにはない。イジェクターは、つけても十円ぐらいしかコストが増えないんですね。ただ安くするだけじゃ能がないなあ、他にないものを一つぐらいつけてもいいじゃないかということです。

コントローラーに関しても、当然ジョイスティックは合わない。ジョイスティックはものすごい力がかかる部品なので、丈夫にしなければならない。そこへいくと、十字キーはゲーム&ウオッチでも実績があるし、「安く作れ」というのであれば、これでいいんじゃないかと。十字キーが絶対いいというよりは、値段を考えたらこれしかないよ、という感じでしたね。

ですから、ファミコンはデザイン的には決して優れたものではないけど、丈夫で安いということに関しては、絶対の自信を持っています。

2 開発第二部のこと。

3 1982年にトミー工業（現・タカラトミー）から発売された、16 bit マイコン（ホビーパソコン）。

4 正しくはアタリ2600。1977年、米アタリ社から Atari Video Computer System として発売された家庭用ゲーム機。

そもそもジョイスティックのはじまりは？

十字方向に動かすジョイスティックとボタン一つというのは、「（スペース）インベーダー」がもとでしょうね。ただ、ジョイスティックが左にあるというのも変な話で、今のゲームはジョイスティックが全部左でしょう。ジョイスティックっていうのは、右手で使うのが本当じゃないかと思うんだけど。

おそらく、インベーダーというのは左右しか動かす必要がなかったら左でじゅうぶん、むしろボタンを押すタイミングが重要だからということがあったんじゃないでしょうか。それで、一度作ってしまったハードウェアを改造するわけにはいかないから、「ドンキーコング」を含めたその後のゲームは全部それに乗っかっていったんですね。

ファミコンの十字キーだって、最初から右にあったら、ゲームの上達は早いはずですよ。今のゲームは操作の方が重要ですからね。まあ、いまさらクラッチとブレーキを入れ替えろというのも大変な話ですからねえ。

ジョイスティックに変わるコントローラーは？

ゲームというのはリアルタイムで操作できないといけない。0コンマ何秒の遅れが、ゲームを決定的につまらなくしてしまうこともあるんです。ですから、ジョイスティックに変わるコントローラーは、ジョイスティックと同じかそれ以上の操作性がないといけない。

その点、ノートパソコンなどのコントローラーはわりと考え方がルーズなんじゃないですかね。パソコンは操作性がシビアじゃないですけど、ゲームの場合はそれで生きるか死ぬかの問題ですから。

今から思えば、人間の筋肉を使わずにコントロールするという意味では、ジョイスティックより十字キーのほうがよかったんではないかと思ってますね。

マイクロソフトのビル・ゲイツが、「次世代のマルチメディア機器はキーボードではなくて十字キーにする」と言ったことがあるらしいんですね。それで、日経新聞の記者が「十字キーのルーツはどこにある」と探しまわって、私のところに来たことがあるんですよ。それまで、十字キーのことなんて話題にもなりませんでした。

コンピューターマージャン役満

1983年（昭和58年）発売当時の価格＝15000円

ゲームの世界には、ネットワークゲームというジャンルがあって、アメリカでは二十年近く前からたいへんな人気を誇っている。特にインターネットが普及してからは、世界中で続々と新しいネットワークゲームが登場している。また、ニンテンドーDSやプレイステーションポータブル（PSP）などでも無線を利用して対戦できる機能はごくあたり前のものになっている。

ネットワークゲームは、パソコンなどの通信機能を利用して、遠く離れた人間同士が対戦するゲームである。チェスなどの伝統的なものから、自動車レース、戦闘機バトル、シューティング、ロールプレイングゲームなど、さまざまなものがネットワークゲームとして遊べるようになっている。日本で、本格的

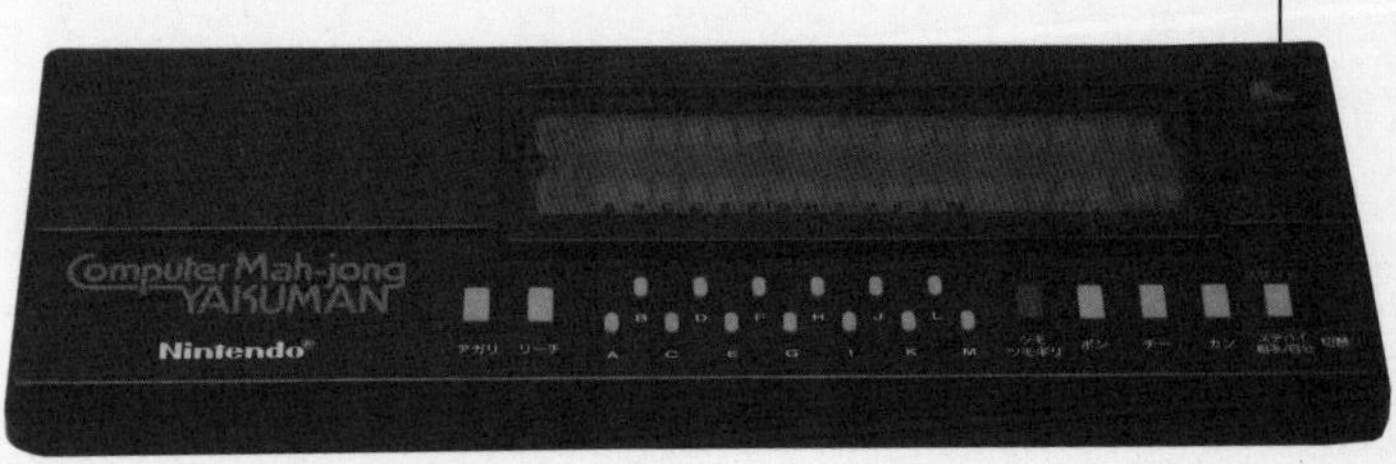

な通信対戦ゲームとして大流行したのが、ゲームボーイの「ポケットモンスター」だった。

今から考えると、ゲームボーイに通信機能がついているのは実に不思議である。今でこそ、通信機能を利用したポケットモンスター、対戦テトリスなどのゲームの楽しさはみんな知っているが、対戦ゲームそのものが存在しない時代に通信機能をつけたというのはどういうことだろうか。

横井氏は、「あまり深く考えず、つけてもそうコストは上がらないし、なにかそこで面白いゲームが出てくることが期待できる」という漠然とした気持ちだったという。この漠然とした気持ちは、実はこの「コンピュータマージャン 役満」の通信機能の面白さがもとになっているのではないだろうか。コンピュータマージャン 役満は、CPU対戦式の麻雀ゲームではあるが、二台をケーブルで接続すれば人間同士の対戦も楽しめるという、当時としては画期的なゲーム機だったのである。

白が五枚出てくるんですよ

コンピュータマージャン 役満というのは、液晶を使ってゲーム&ウオッチとは違うものを、ということで始めたんですね。もともと任天堂は麻雀牌なんか売っていましたから、液晶で麻雀牌が表現できるのかという実験から始めました。麻雀というのは四人集まらないとできませんけど、ひとりでも気軽にできないかという試みだったんです。

当時はまだ持ち運びできる麻雀牌がなくて、私はハンドヘルド（携帯）ということばかり考えてましたから、車の中でパイがひっくり返ることを心配せずにできるんだからいけるだろうな、という感触はありました。牌が何ドットで表わせるか、というところが苦労しましたね。

ひどい話なんですが、コンピュータ側は最初からテンパっていてね、人間がある程度上がらないとコンピュータが勝手に上がる仕組みなんです。こんな話聞いたら、やる気なくしちゃうでしょうけど。振りテンになっちゃうと、そこの部分だけこそっと入れ替えちゃうんですね（笑）。

後でわかったんですけど、バグがありましてね。白が五枚あるんですよ。カンしているのに、もう一枚白が出てくる（笑）。

通信機能というのは、あまり深く考えていなくて、車の中で対戦できるようにと、それだけなんですね。今から考えると珍しいことなのかもしれませんけど、当時は何の抵抗もなく、「二人で線をつないで対戦できなければしょうがないじゃないか」ということになっていました。ハードウェアの問題だけでしたからね。

実をいうと、通信対戦なんか誰もやらないと思っていたんですね。まず、二台いるわけでしょ。誰が二台も買うんだと。だから、まあ、通信機能つけて、ケーブルを別に売っておけばいいだろうと。それぐらいの感覚だったんですね。同じものを二台も買わすなんて、ゲーム業界では考えられなかったですよ。

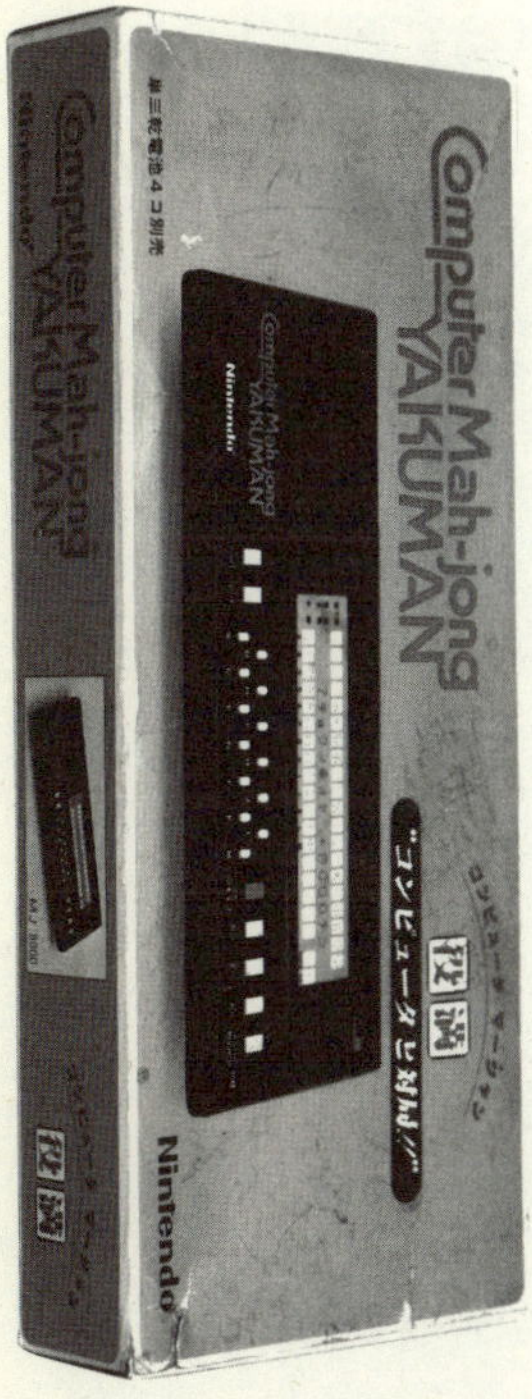

コンピュータマージャン 役満のパッケージ

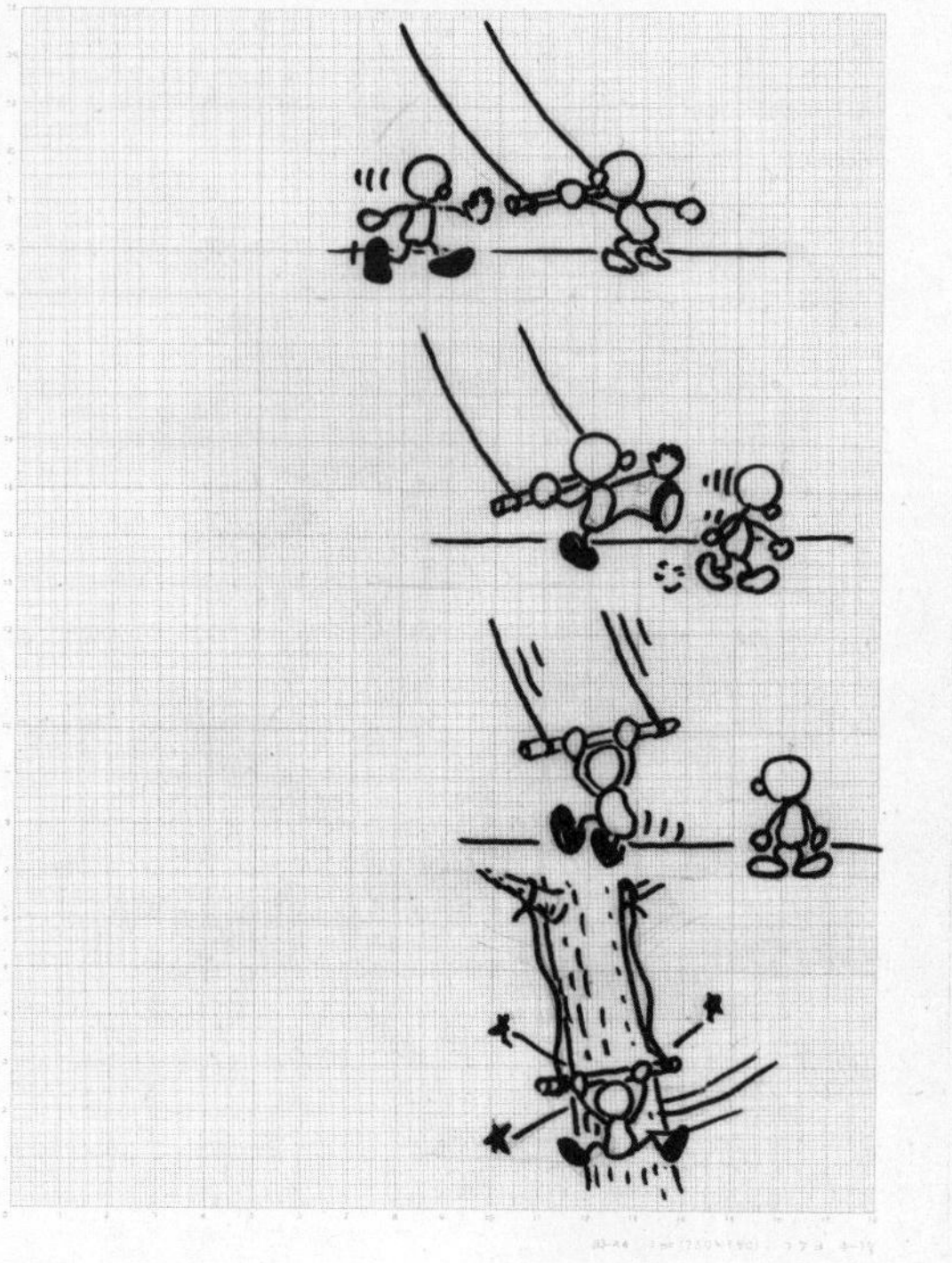

横井軍平のらくがき帖より

1989-1996

第4章　ゲームボーイ以降

ゲームボーイ

１９８９年（平成元年）発売当時の価格＝１２５００円

ゲーム＆ウオッチは、日本国内でも液晶ゲームブームを引き起こしたが、それだけにとどまらず世界的にも爆発的なヒット商品となった。その後約十年近く、横井氏はゲーム＆ウオッチの仕事に忙殺される時代が続く。その間に任天堂は、ゲーム＆ウオッチで蓄えた資産をファミコンの開発につぎ込み、これも大ヒット。１９８０年代に京都の任天堂は「世界の任天堂」へと変貌した。

ゲーム＆ウオッチのブームが一段落したときに、次に横井氏が取りかかったのは、ゲーム＆ウオッチのマルチソフト化だ。ゲーム＆ウオッチは基本的に一台で一つのゲームしか楽しめない。別のゲームを楽しみたいと思ったら、もう一台別のゲーム＆ウオッチを買わなければならないの

だ。当然、本体一台さえあれば、後はソフトのカートリッジだけを差し替えるだけでいろいろなゲームが遊べるマルチソフト化というのは、ユーザー側からも要望の強かった点だ。

ところが、これが商品開発として大難問の壁の連続になった。まずはコストの問題だ。当時すでに任天堂はファミコンを発売していて絶大な人気を誇っていた。ところがマルチソフト版ゲーム&ウオッチは、設計面から見ると中身はファミコンとほとんど同じ。それどころかファミコンにはない液晶モニタまでつけなければならない。コストの面ではファミコンより高くついても仕方がない代物なのだ。しかし、世間の受け取り方は違う。「ポケットに入る程度のゲーム機がなぜファミコンよりも高い値段で売られているのか」と反応してしまう。マルチソフト版ゲーム&ウオッチ開発の至上命題は「ファミコンよりも安い値段で売り出す」ことだった。ここが最大の問題になった。

いくら計算しても値段が合わない!

「ゲームボーイ」の開発は、ゲーム&ウオッチが一段落してから、なんとかそれをマルチソフト対応（ソフトウェアを取り替えられる）にしなければならないということで、二人の部下に命じたのがそもそもです。コンセプトはすでに私の中で決まっていた。モノクロで、マルチソフトでと。ただし、問題はファミコン以下の値段にしなければ誰も納得しないということなんですね。

ところがディスプレイつきで、その値段というのは不可能なんです。だから、画面はモノクロでいいと。削れる機能はすべて削ろうと。でも、いっくらやっても値段が合わない。

そんなことで格闘をしていたら、面白いものが見つかった。ある液晶テレビをばらしてみたら、チップオングラスという技術が使われていた。液晶の上に直接回路を焼き付ける技術なんです。これだったらコストがかなり下げられる。販売価格もどうにか狙っていた線にたどり着けそうだということになった。

ところが問題は、ゲーム＆ウオッチの流れがあって、液晶はシャープに頼んでいた。ところが、シャープではどうしても値段が合わない。その一方で、液晶の世界に新規参入を狙っていたシチズンが思い切った値段を出してきたんです。一年以上試行錯誤していたゲームボーイがそれで急に現実化してきたんですね。この値段だったらいけると。それで思い切ってシチズンに乗り換えるか、それともシャープと値段を交渉をするかということになったら、急にシャープが値段を下げてきましてね。それで折り合いがついて、ゲームボーイができあがったんです。

コストの面では理想的までとはいかないが、なんとか商品化のめどがついたマルチソフト版ゲーム&ウオッチ「ゲームボーイ」。ところが、ここで横井氏は大きなミスを犯すことになる。「あれは私の人生最大の失敗です。一時期は真剣に自殺することを考えました」と、およそ社交的な横井氏からは想像のつかない言葉が飛び出してきた。

液晶というのは、どの角度から見ても映像がきれいに見えるわけではない。いちばん見やすい角度というものが液晶ごとにあるのだ。ワープロやノートパソコンに使われている液晶モニタでも、ちょっと角度がずれるとたんに画面が見えなくなるという経験が誰にでもあるはずだ。

この液晶の特性は、液晶製品を作るうえでたいへん大きなキーポイントになる。つまり、ユーザーがその製品をどのような姿勢で使うかを想定して作らないといけないわけだ。ゲーム&ウオッチの場合は、座った姿勢で手のひらの中に入れて、やや下から覗き込むような形で遊ぶことになる。たまたまゲーム&ウオッチに採用した液晶の理想的な視角は斜め下5度。これがちょうどよかったわけだ。

しかし、ゲームボーイはゲーム&ウオッチに比べると本体のサイズが格段に大きくなっている。ちょうど、液晶の部分だけ手のひらからはみ出す格好だ。こうなると、自然に真正面から、あるいはやや上から液晶を覗き込むことになる。この点が、ゲーム&ウオッチに慣れてしまった制作チームが見落としていた点だ。気がついたのは試作品ができあがってきた後で、ここで横井氏は大きく悩むことになる。

わずか斜め5度という大きな死角

ゲーム&ウオッチというのは電卓用のTN液晶[1]を採用していて、電卓を使うときに見やすいように、斜め下5度から見ると、見やすくできているんですね。ところが真正面から見ると、コントラストが意外と悪くなる。

最初は同じ液晶を使ってゲームボーイも作ったんです。ところが、ゲームボーイの場合、室内灯や太陽光の映り込みを防ぐために、どうしてもやや上から見ることになるんですね。このことに気がつかなかった。シャープで試作品ができたというので見に行ったときも、無意識のうちに斜め下5度から見てしまって「あ、これでいいね。うまくいったね」と言って帰ってきたんです。

ところが、任天堂というのはちっぽけな会社だったですけど、ゲーム&ウオッチとかファミコンとか出てきて、周りの見る目が違ってきていた。そんな任天堂の部長が「OK」と言うことは、どれほど大きな意味を持つかというのが後からわかりました。私が「OK」と言った途端に、シャープは四十億円かけて専用の工場を作り出しちゃったんです。

で、あるとき社長が試作品を見たら「なんだこれ。見えへんやないか」と。確かに真正面から見ると画面がよく見えないのですね。社長は「どうすんや、これ。こんな見えへんの売れへんぞ。もう、売るのやめや」と。がく然となりました。

1 ねじれネマティック液晶。視野角が狭く、色の再現性が悪いが、低コスト、低電力などの理由から携帯機器によく用いられる。

冷ややかっこに救われなければ、自殺していた

そのとき私は、ものすごく困りました。私は、協力会社というのは協力会社であって、「下請け」ではないという感覚だったんです。常に協力会社のおかげでものが作れているのだから、協力会社に迷惑をかけたらいけないという意識があったんです。だからこそ、協力会社の人たちも私のことを信頼してくれたと思うんですね。

ところが、四十億円もかけた工場が無駄になってしまうかもしれないという事態になってしまった。私が任天堂に入社して以来築いてきた信用がゼロになるかと思ったら、絶望的になりました。どうしようもない窮地に立たされたわけです。

そのときに、コントラストのいいSTN液晶[2]というのがあったんですけど、「これはスピードがものすごく遅くて、ゲームでは動きが見えないですよ。やるだけ無駄ですよ」と言われた。けれど、「駄目でも他に方法がないから、一回やってみてくれよ」とシャープにお願いしました。

それからの半月間は、食事ものどを通らない。義理の兄が医者で、血液検査してもらったら栄養失調で、「戦争中ならともかく、いまどき聞いたことがない」とびっくりされました。自

殺も考えたぐらいで、もうなにものどを通らない。そしたら、いきつけの中華料理屋が心配して「これだったら、食べられるかもしれない」と言って、冷ややっこを出してくれたんです。中華料理に冷ややっこなんてないんですけど、これがものすごくおいしかった。なんだかものすごく気が楽になりまして、それからやっと食事がのどを通るようになった。今の私は豆腐に救われたようなものです。

しばらくして、シャープの営業マンが電話してきましてね。「この間工場へ行ったら、映像がはっきり見えているんですよ」と言うんですね、STN液晶で。それですぐ技術部門に電話したら「できたのはできたんですけど、偶然できたもので、データが何も取れていない」と言う。おそらく実験している途中を営業マンが見たんでしょうね。

それからは、もう期待と不安の一週間でした。なんとかうまく映ってくれと。それで、結局データが取れまして。スピードとコントラストの問題で、スピードを優先すればコントラストは落ちるけど、人間の目にはさほど影響がない。測定したら、コントラストの実測値は確かに落ちているんですけど、人間の目というのはいいかげんなもので、さほど気にならない。コントラストとスピードのちょうどいいバランスのデータが取れて、なんとかこれだったら使えるということになったんです。

それで社長のところに試作品を持って飛んでいきました。勇んで試作品を見せたら、横目でちらっと見ただけで、「ああ。これやったらいいやんか」と、それだけ（笑）。もう、がっくり力が抜けました。社長にしてみたら、さほど大きな問題とは思っていなかったんですね。

---

2 超ねじれネマティック液晶。

こうしてできあがったゲームボーイは、十年以上に渡って人気玩具となったロングセラー商品だが、ユニークなのは、「モノクロしか表示できない」ゲーム専用機である点だ。ユーザーからの「カラー化してくれ」という要望も思ったほど強くない。後にゲームボーイカラーでカラー化されるが、それは初代ゲームボーイが発売されてから九年の後だ。九年間はゲームボーイはモノクロだったのだ。

横井氏はモノクロにした理由を「コストが高くつく、電池寿命が短くなる」などから「モノクロを選ばざるを得なかった」と言っているが、それ以外にも、横井氏自身のゲーム哲学が深くかかわっているような気がしてならない。つまり、ゲームというのは内容の面白さであって、カラーであるとか、ポリゴン表示であるとか、処理スピードだとか、そういうことは二の次であるという考え方だ。

後に横井氏は「もう、ゲームを作る気はない」と言っていたが、その理由はこのへんにありそうだ。「今のゲームはアイデアが出尽しているんです」。美しいグラフィック、サウンド、大容量の競争に入っている現在のゲームの世界を横井氏は冷静な目で眺めているのだ。

モノクロにこだわった理由

ゲームボーイを作った頃は、ファミコンが全盛なので、「どうしてモノクロなんだ」とずいぶん言われました。私としては、ゲーム&ウオッチのマルチソフト版だという意識で、「携帯」というコンセプトを中心に持ってきたんですね。

持ち歩いて遊ぶゲーム機であれば、当然、乾電池で動かなければならない。それも十時間とか二十時間保たなければ、ゲーム機として役に立たない。当時、カラー液晶テレビなんかもありましたけど、電池寿命が一時間半だとかだったんですね。しかも、バックライト液晶というのは屋外の明るいところでは見えないんです。ですから、モノクロという選択肢しかなかった。昔、社長のところに誰かが液晶テレビを持ってきて、社長が私にくれたんですね。それで喜んで使っていたら、一時間で消えてしまった。どうしたんだろうと思ったら、電池切れなんですね。これではテレビとしても問題があるなと思ったんです。それがものすごく頭にありました。

驚くことに、技術者でさえ「カラーにしませんか」と言うんですね。「カラーにしたら、電池が保たないじゃないか」と言ったら、「ＡＣアダプターを使ったらいいじゃないですか」と言うんです。でも、ＡＣアダプターを使ってゲームボーイを部屋の中でやるんだったら、ファミコンと比べて画面は小さい、見にくいとかいうデメリットしかないじゃないかと。だから、ファミコンとは違う路線に置かなければならないんだ、ということを口を酸っぱくして言っていたんですよ。社長には「電池がすぐなくなる、明るいところでは見づらい、値段が高くなる」ということで、モノクロで了解を得ていたんです。

それで、この商品は絶対どこかが真似してくるだろうな、真似するんだったらカラーにしてくるだろうと思いました。それでしばらく待ち構えていたら、やっぱり出てきた。「真似した商品が出てきましたよ。しかも、カラーでものすごい人気ですよ」という話を聞いて、「よかった。よかった」と大喜びしたんですね（笑）。それがセガの「ゲームギア」3だったんです。

そのころ面白いマンガが出ましてね。ゲームギアとゲームボーイを対比したマンガなんですけど。最初はゲームギアが「おれは、回転、拡大、縮小が自由自在だ、カラーなんだ」とわめきたてていて、ゲームボーイがしゅんとしている。ところが急にゲームギアがしゅんとしてしまう。ゲームボーイが「どうしたの？」と聞くと、電池切れ（笑）。このマンガは、私の狙いをそのまま表わしていましたね。嬉しくてコピーして、しばらく机のわきに貼っていました。

3 セガ・エンタープライゼス（現・セガ）より1990年に発売された、カラー液晶搭載の携帯型ゲーム機。

黒い雪だるまも白く見える

ゲームの基本というのは、碁とか将棋であって、あれに色がついていてもあまり意味はない。結局、カラーは最初の見かけの派手さだけなんですね。当時はカラーにすることによるデメリットの方が大きかったんです。

ソニーのトランジスタラジオが売り出されたときも、同じことが起こったそうです。最初は「ノイズが多い」という意見が多かった。ところが売り出してみたら、すごく売れた。なんでかと言うと、電池が長い時間保ったんですね。音は真空管ラジオに勝てるわけがない。ところが、総合的にはトランジスタラジオが優っていたんですね。

娯楽品というのは、最初のイメージが重要で、それで売れ行きが決まってしまいます。玩具というのは派手さでわーっと売って、二、三時間遊んだらもう飽きたというのが本来の姿です。でも、ゲームボーイはソフトをとっかえひっかえ使うわけですから、実用的な長所が重要なんですね。

私はいつも、「試しにモノクロで雪だるまを描いてごらん」と言うんです。黒で描いても、雪だるまは白く見えるんですね。リンゴはちゃんとモノクロでも赤く見える。昔の映画だって、カラーだったかモノクロだったか、あまり覚えていないものでしょう。人間は色を概念として見てしまうんですね。高速道路のトンネルなんか単色光ですね。あれでも、リンゴを持っていたらちゃんと赤く見える。でも、ビデオで撮影してみると青くなっていたりするんですね。

だから、テレビゲームが何万色とかそういうことを追いかけだしたとき、これはゲーム本来の世界とは違う方向に動いているな、と感じたんですね。

もう一度ゲームの本質に戻れないか？

ファミコンやゲーム&ウオッチ、ゲームボーイの世界では、一生懸命新しいゲームを考えるという姿勢があったんです。向こうが碁を考えたら、こちらは将棋だというようなね。

ところがある程度まで行ったら、やることがなくなってきた。そうすると、テレビゲームは、色をつけたら新しさが出るんではないかという動きになった。でも、これは作る側から言ったら、落ちこぼれなんですね。アイデアをひねり出すんじゃなくて、安易な方へと流れている。だんだん派手さが加わって、スピードも増してきた。CPUも8から16、32、64ビットとなっていくんです。

でも、こんなのはいずれ頭を打つんです。スピードというのは相対性の問題だから、全体がゆっくり動いていても、動かすものもゆっくりなら難しさは出せるんです。

やっぱり、ゲームの本質はアイデアなんで、「アイデアが出てこない」というのは単なるアイデアの不足なんですね。ところが、テレビゲームにはそのアイデア不足の逃げ道があった。それがCPU競争であり、色競争なんです。

そうなると、任天堂のようなゲームの本質を作る会社ではなくて、いずれ画面作り、CG作りが得意なところがのしてくるだろうと。そうしたら、任天堂の立場はなくなってしまうんですね。それで、何かもう一度ゲームの本質から戻ったものができないかということで、「バーチャルボーイ」を作ったわけです。

ゲームボーイのソフトウェア

1989年（平成元年～）

ゲームボーイは基本的にゲーム&ウオッチのマルチソフト版だ。当然、横井氏はゲーム&ウオッチのときと同じように、本体の開発が終わると、ゲームボーイ用ソフトの開発に没頭していった。ゲームボーイの場合、ソフトは任天堂だけではなく、サードパーティも参加してきたが、それでもいちばん多くのゲームソフトを送りだしてきたのは、やはり任天堂で、そのほとんどは横井氏がなんらかの形で関わってきたものだ。

ところが、ゲーム&ウオッチとゲームボーイでは、ゲームの性格がまったく異なっていることがわかってきた。ゲーム&ウオッチは、画面がすべて事前に焼き込んである。例えば、キャラクターが左から右に動いていく動きは、液晶画面にいくつかのキャラクターの絵柄を作っておき、それを左から右へ順番に点灯していくことで動きを表わしていたのだ。ところが、ゲームボーイでは現在のパソコンなどと同じように、画面には自由に好きなものが表示できる。キャラクターを動かしたければ、キャラクターの絵柄を表示して、それを1ドットずつ移動させていけばいいだけだ。ゲーム&ウオッチでは、キャラクターがピコ、ピコ、ピコと不連続に動いていくのに対し、ゲームボーイではスーッと連続的に動いていくわけだ。

この点は、単なるハードの違いというだけにとどまらず、ゲームの面白さ自体にも深く影響する。横井氏は「ゲーム&ウオッチはタイミングを読む面白さのゲーム」だと言う。

この違いを実感したければ、任天堂から発売されていたゲームボーイ用ソフト「ゲームボーイギャラリー」をプレイしていただきたい。この中に収録されているゲームは、すべてゲーム&ウオッチのゲームを復刻したもので、ゲーム&ウオッチそのままのオリジナル版と、ゲームボーイ用に作り直したリニューアル版の二種類が楽しめるようになっている。両者を比べてみれば、ゲーム&ウオッチとゲームボーイの違いがどこにあるかよくわかるはずだ。中古ソフト市場で探し、ゲームボーイも用意しなければならないので、プレイするのも簡単ではないと思うが。

なお、ここで注目してほしいのは、現在ゲームの世界で当たり前のように使われているアイデアが、このゲームボーイから生まれていることだ。例えば、対戦型パズルゲーム、落ちものゲームの連鎖というアイデアなどがゲームボーイから生まれている。落ちものパズルゲームの元祖である「テトリス」は、横井氏の考案したゲームではない。しかし、そこから対戦、連鎖などのさまざまなアイデアが加わったことによって、現在の落ちものゲームの人気があるといっても過言ではないだろう。落ちものゲームの歴史を語るうえで、横井氏の仕事は落とすわけにはいかないのである。

ゲーム&ウオッチとゲームボーイはまったく違う

ゲーム&ウオッチのソフトと、ゲームボーイのソフトは、まったく性格の違う世界なんですね。ゲーム&ウオッチはひとこまひとこまをデジタルに動かして、タイミングを読むゲームなんです。ところが、ゲームボーイは連続的に動いていくゲームなんです。

ですから、「マンホール」というゲーム&ウオッチのソフトをゲームボーイに移植するときも、滑らかにすーっと動かしたのではまるで意味がないなということで、ジャンプさせたんですね。これだったら、タイミングを読むというゲーム&ウオッチの面白さが生きる。自分でも移植してみるまで気づかなかったですね。

ゲームボーイのソフトは、ほとんど自分が関わっています。多かれ少なかれ、自分で発案したとか、人のアイデアでもかなり入り込んで指示や提案をしました。ポケットモンスターぐらいですか、私が関わっていないのは。

対戦テトリス～プログラムは一週間

ゲームボーイの最初のソフトは、「テニス」と「ブロック崩し」、「マリオランド」の三つでした。とりあえず、最初のゲームとしてはマリオのキャラクターが受け入れられやすいと思いましたし、横スクロールのゲームなら誰でも遊べるだろうという意識がありました。初期のソフトの中で、ゲームボーイを引っ張っていったのは「テトリス」でした。

ゲームボーイを出すころ、すでにファミコン版のテトリスがあったんですけど、私たちにはそれがちょっと不満だった。パソコンソフトがそのまま移植されている感じで、ファミコンなりの操作性をまったく取り入れていなかったんですね。

それで、どうにかならないかとウチのプログラマーに頼んだら、一週間で作ってしまったんですね。プログラム自体は単純ですから。それで対戦ケーブルがもともとあったので、それを活かして対戦テトリスにしたんです。これが大ヒットしましてね。

対戦型のテトリスというのもこれが初めてでしょうね。単なる早消し競争の対戦テトリスはあったかもしれませんけど、こちらが消すと相手にじゃまなブロックが落ちていくという、攻撃タイプの対戦テトリスはうちのプログラマーが考えたことです。それ以降、私たちが考えた対戦ゲームはほとんどすべて攻撃タイプになりましたね。「ヨッシーのクッキー」とか、「ヨッシーのたまご」とか、「パネルでポン」とか、みなそうですね。

社長の訓示に発奮して生まれた「ドクターマリオ」

任天堂では毎年正月の仕事始めに、一時間ほど新年式がありまして、そこで社長が訓示をするんですね。正月早々、社長はいつも暗いことを話す（笑）。いく

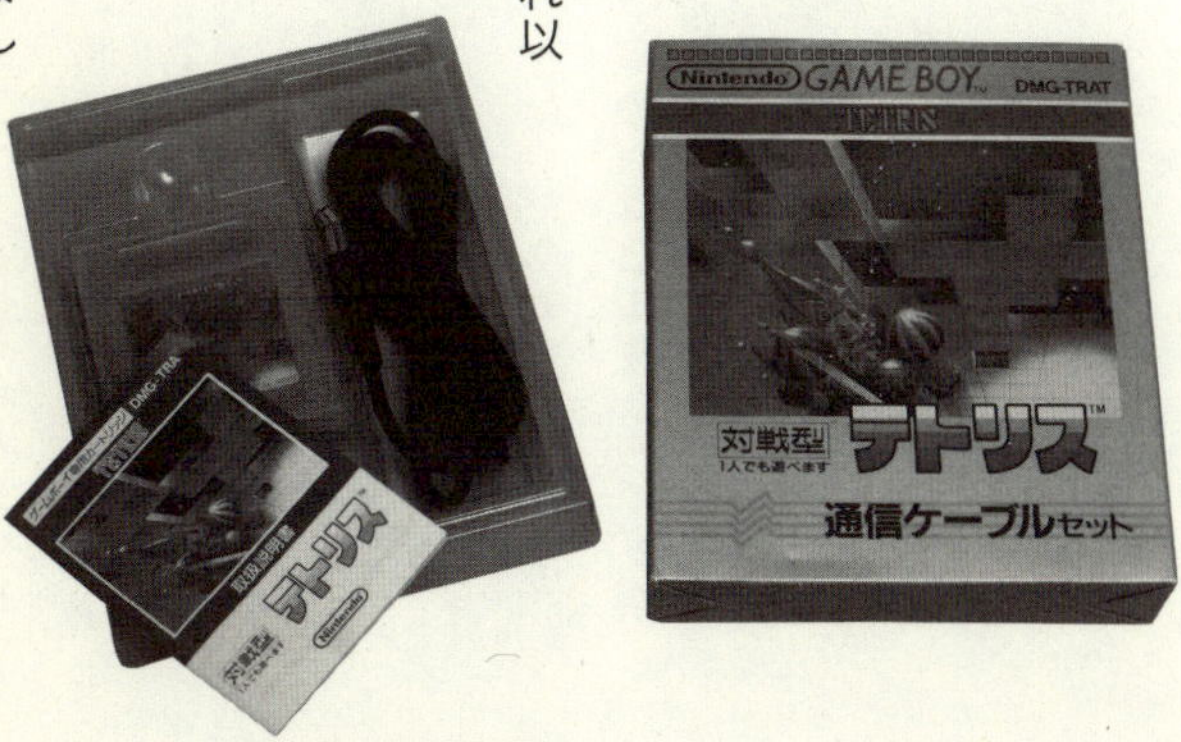

テトリスの通信ケーブルセット

ら業績が好調でも厳しい話をするんですね。その中で「ゲームというのはソフトが重要なんだ。なにが売れるにしたってソフトが引っ張るんだ」というようなことを言うわけです。それでゲームボーイを作った私としてはカチンときますわね。それで密かに社長の言葉に発憤して「そうか、ソフトか。それならやってやろうじゃないか」と。それで作ったのが「ドクターマリオ」です。

テトリスが形合わせなら、色合わせにしようというのは誰でも考えつきますね。それでいろいろやっているうちに、４色合わせたら消えるというアイデアが出てくるんですけど、これは難しすぎてゲームにならない。２色だったらいけるだろう、ということだったんです。そしたら、見ていると２色なもんですから、薬のカプセルに見えるんですね。薬のカプセルだから、ドクターマリオということになったんです。

ドクターマリオでは、ブロックを消すと上のブロックが落ちてきて連鎖が起こるということを初めてやりました。だから「ぷよぷよ」[1]を見たときは、てっきり真似[2]だと思いましたね。あちこちで「おれの真似しやがって」なんて言っていました（笑）。ただ、後で調べたらそうでもなくて、あっちの方が先だったという話もあったようですね。その辺の事情は私もはっきりと調べたことはないんです。

1 落ち物パズルゲームの大ヒットシリーズ「ぷよぷよ」。コンパイルから1991年に発売された。当時在籍していた米光一成が企画・監督・脚本を手がける。コンパイルが経営破綻し、セガに「ぷよぷよ」の知的財産権を売却、現在に至る。

2 「『ぷよぷよ』の開発中、ほぼルールも決定し調整をあれこれしている段階で、『ドクターマリオ』が発売。驚きました。似ている部分も多く、プログラマーと打ち合わせた記憶があります。けれど異なるゲームであると認識したため、自信を持ってリリースしました」(「ぷよぷよ」開発者・米光一成談)。

処理落ちした動きが面白い「ヨッシーのたまご」

ヨッシーシリーズは、ゲームボーイとファミコンソフトを同時に作っていました。ですから、あまり画面に色を使わないようにしようというのはありましたね。画面をファミコンでもゲー

ドクターマリオ(写真はファミコン版)

ムボーイでも流用できるようにしようということでした。

「ヨッシーのたまご」は、最初持ちこまれたゲームが今一つ面白くなかったので、二つの列をひっくり返すという提案をしたんですね。それが、処理落ち[3]してしまって、ねじれてひっくり返るように見えた。要するに画面の書き換えがCPUにとって大変すぎて、ささっと表示できない。いわば、ソフトとしては致命的な欠陥なわけです。ところが、その動きがなんともいえず面白いなということになって。それで「たまごで包んで、その中からヨッシーが生まれるようにしよう」ということでゲームの本質が決まったんです。

名前を何にするかということになって、私が「ヨッシーのたまご」とつけたら、社長が「なに？　そんなおもろい名前つけてええのか？」と驚いていましたけど、後になって「いい名前やな」と納得していました。

3　プロセッサの処理性能不足などにより処理の一部省略や時間的な遅れを招き、動作が止まったり遅延したりする現象。

バーチャルボーイ

1995年（平成6年）発売当時の価格＝15000円

横井氏によれば、任天堂を退社することはずっと前から考えていたという。任天堂という会社に不満があるというわけではなく、もともと五十歳を過ぎたら、退社して自分の好きな仕事だけを楽しんでやりたい、余生を気楽に過ごしていきたいという気持ちがあったそうである。また、現在のゲームの世界はCPU競争、画面競争の時代に入っていて、当然ながら任天堂もスーパーファミコン、NINTENDO64と[1]その渦の中に巻き込まれていく。というより、渦の中心となろうとしていく。この流れに対して、横井氏には「任天堂の中で自分の居場所がなくなる」と

いう判断もあったようだ。

横井氏は発想の人である。競争の人ではない。現在のゲームの世界は、とにかく高性能のCPUを使い、大容量の光ディスクやROMカセットを使い、膨大なシナリオ、グラフィックでプレイヤーを圧倒するというタイプのものが主流を占めている。いわば物量作戦だ。ところが横井氏はあきらかにゲリラ戦である。普通では考えつかない仕掛けを作って戦っていくタイプなのである。

ゲリラ戦は、基本的に物量作戦には勝てないというのが世間の常識だ。ただ、横井氏ははっきりと明言はしなかったが、心の奥底のどこかで、「とはいえ、ゲリラが物量作戦に勝つことがあるのだから、世の中は面白い」と思っているのではないか。いずれにせよ、横井氏は退社を心の中で決めていた。その退社に当たって「最後の置き土産、お礼奉公」として開発したのが「バーチャルボーイ」である。

1　１９９６年に発売された家庭用ゲーム機。スーパーファミコンの後継機種。任天堂としては初めて本格的な３Dゲームに対応した機種だったが、後発のためプレイステーションに遅れをとることになった。

真っ暗な視界が無限遠の世界を生み出す

3Dというのは情報機器としてはともかく、エンターテイメントとしてはすごくいいんですね。立体テレビというのはどうかと思うけど、ゲームや映画なんかにはものすごく向いているはずです。

「バーチャルボーイ」の企画ができあがる前、ある会社がLEDのディスプレイを売り込みに来たんですね。航空機の整備士が使うツールで、真っ暗闇の中に図面が表示されて、これを片方の目で覗き込む。同時にもう片方で現物を見るというものでした。

そのときは、クリアに図面が描けているなというぐらいで、たいして興味がなかったんですね。後で、ひょっとしたら、真っ暗闇というのはモノになるんじゃないかと思いついて、バーチャルボーイの企画が始まったのです。

立体映像には液晶を使うのが普通ですし、それがいちばん作りやすい。しかし、液晶というのはバックライトを使いますから、真っ暗にしても数パーセントの光がもれてくるんですね。真っ暗の画面を液晶で描くと、薄いグレーの画面が見えてしまう。

真っ暗であれば、人間は無限遠を感じてくれるんですね。しかし、液晶でグレーの基本画面が見えてしまうとそうはならない。そこでLEDを使ったのです。これだったら、無限遠を表わすことができるんです。

もう一つは、ポリゴン[2]を描いたときに、左右の映像で線の傾きが微妙に違うんですね。そうすると、液晶の場合ジャギー[3]の関係で同じ線に見えない。それで目が疲れたりするんです。ところがLEDなら線の描き方がスムースですから、はるかに立体視しやすい。LEDはドットが丸いので、同じ解像度だったら、液晶よりLEDの方がはるかに有利なんですね。

真っ暗闇だったら、画面の枠を感じさせない。そこが今までの液晶とは違う点だったのですね。ですから、ソフトメーカーにも「画面の枠を描かずに、必要な線だけ描いてください。そしたらゲームフィールドがものすごく広く感じるんですよ」とよく言ってたんですよ。

2 コンピュータグラフィックスにおいて、その組み合わせによってキャラクターなどの対象物体を表現する、三角形や四角形のこと。

3 解像度が低い場合などにみられる、図形の輪郭に現れる階段状のギザギザのこと。

3Dには無限のゲームフィールドがある

テレビゲームというのは、ゲームフィールドが限られていますね。そこで、ゲーム性を多様化しようとしたら、スクロールという考え方があるわけです。二画面、三画面の中で自由に遊べる。しかし、どこまでいっても平面なんですね。ところが3Dなら奥行きが使える。つまり、無限のゲームフィールドが求められる。そういうつもりでやっていたんですね。新しいゲームが出てくるのではないかという期待があったわけです。

今のバーチャファイターのような二・五次元のゲームがありますね。あれとバーチャルボーイはまったく違う。あれは剣を振り回したとしても、それは三次元の中で行われているわけではなくて、二次元の空間の中でそう見せているだけなんですね。あくまでも平面なんです。ところがバーチャルボーイは本当の三次元なんですね。

最初のソフトはピンボール

バーチャルボーイの最初のソフトは「ギャラクティック・ピンボール」でした。ピンボールはファミコンなどの世界でも大ヒットとまではいきませんが、いちおうスタンダードにはなっているんです。

最初は、ピンボールの台を画面の中に書いていたんですけど、「せっかくのバーチャルボーイなんだから、そんなばかなことするな。枠だけ書いて宇宙のピンボールにしろ」と言ったんですね。

最初は、「マリオクラッシュ」などもリストにあがっていたんですけど、周りから「こんなもん出すな」と言われてしまって。そのへんが、商品の見方の違いなんでしょうね。私とすれば、ユーザー層を考えたらぴったりのゲームなんですけど、社内でもバーチャルボーイはマニア向けの商品だという意識が強かった。

ご存知のとおり、バーチャルボーイは商品としては失敗に終わった。あまりにもマニア向けすぎると市場に受け取られたからだ。ところが、横井氏の発想は違った。競争の時代に入ったゲームの世界をもう一度原点に引き戻せないかという挑戦だったのだ。バーチャルボーイはマニア向けの商品ではなく、ゲームにあまり馴染みのない初心者を狙ったのだと言う。

ゲームとは本来暇つぶしのためのものである。ところが今のゲームは、非常に複雑になってプレイヤーに高度なテクニックを求めるものや、プレイするのに膨大な時間が必要になるものが多い。確かに子供たちやゲームマニアの間ではこのようなゲームは高い評価を受けてはいるが、それ以外の人たちはまったく入り込む余地がなくなっているのも実情だ。

例えば、ゲームセンターを考えてみても、テトリスなどが全盛の頃は子供からかなりの年齢のサラリーマンまでゲームセンターに出入りしていたが、格闘ゲームが主流になった当時は、二十歳前後以下の若者がほとんどで、二十代半ばにもなると「もう、ゲーセンは卒業」という感覚が生まれてきた。これはゲーム業界全体から考えると大きな危機なのである。ゲーム人口が確実に先細りになっている。これをもう一度引き戻そうというのが、バーチャルボーイの挑戦だった。

バーチャルボーイほど毀誉褒貶の評価を受けているゲーム機も珍しい。けなす人は「あんなゲーム」と一笑に付すし、評価する人は「惜しい、実に惜しい」と、現在も数少ない店頭在庫を探し回ってプレイしている人も多い。面白いのは、ゲームをやり慣れている人、ゲーム業界にかかわっている人がけなす傾向にあり、普段ゲームをやらない人がほめる傾向にあることだ。横井氏の「もう一度、ゲームの原点に戻れないか」というメッセージは確実に伝わっているのである。

ゲームの底辺の人たちに向けて

ファミコンからスーパーファミコンへ移るときに、「こんな難しいゲームはもうついていけない」という人がずいぶん出た。新しいゲームを遊ぶ人は投入する金額が大きいですから、一見売り上げはいいようですけど、ゲーム人口という面では減少しているわけです。NINTENDO64でも同じことが起こる。ですから、任天堂がテレビゲームを追いかける限り、将来はないのではないかと。もう一度、スーパーファミコンや、ファミコンユーザーを巻き込んだものを作るにはどうしたらいいだろうか。テレビ画面でなにをやっても飽きられているんであれば、立体しかないのではないか。それで、ゲームの底辺の人たちに向けてバーチャルボーイを作ったんですね。

ところが、マニアたちの中に「あんな昔のゲームなんか」という意見があったんですね。私としては「あんたのようなマニアはだまっとれ。あんたたちは相手にしていないんだ。おじさん、おばさんと子供を狙ったゲームなんだ」という気持ちでしたね。だけど、マスコミもそういうマニアに意見を求めに行くので、「バーチャルボーイは面白いんだけど世間が否定的なことを言う」というので、買わなくなったということがあったんじゃないでしょうかね。

新しいものには不利に働いたPL法

もう一つは、発売と同時にPL法（製造物責任法）4の施行があって、「目に悪い」という文章を書かざるを得ないことがありました。テレビゲームでも同じ文章になると思うんですけど、バーチャルボーイみたいな新しいものだと、それが強調されちゃうんですね。マニュアルなんか「べからず集」みたいなものになってしまう。買う方はPL法なんて関係ないですから、説明書を読んだら「ずいぶんと身体に悪い玩具だ」というイメージを持ってしまったようですね。バーチャルボーイは、目に対する影響が恐かったので、最初からアメリカの科学者をチームに加えて影響を確かめたんです。そしたら、目に悪いどころか、むしろ目にいいという結果が出ちゃったんですね。それもアピールする暇もなく消えてしまったので、残念ですけどね。最初は、サングラス程度の軽くて小さいものということでやっていたんですけど、実はCPUがものすごい妨害電波を発生するんですね。それがノイズとなってしまう。そういうことを抜きにして、電波法の関知しないところで作れば、サングラス程度のものにもできるんですね。いずれ技術的にも可能になるとは思いますね。

4「製品の欠陥によって生命、身体又は財産に損害を被ったことを証明した場合に、被害者は製造会社などに対して損害賠償を求めることができる法律」（消費者庁のホームページより）。

当たるか当たらないかはフィフティ・フィフティ

バーチャルボーイは、発表のときはものすごい人気だったんです。ところが、売り出したらマニアが否定的なことを言い出した。社長にも「マニアの言うことなんか放っておいて、底辺の人たちに向けてコマーシャルを打ってほしい」と言ったんですけどね。

新しいものを作ろうというときは、そんじょそこらのアイデアではだめなわけです。画期的なことをしなければならない。「画期的なもの」というのは、当たるか当たらないかはフィフティ・フィフティだと思うんですね。でも、「あかんでもいいやないか、任天堂の将来はこれしかないんだ」という気持ちでやっていたんです。それが私にしてみれば、ちょっとした持っていき方の間違いで失敗してしまった。ですから、会社の中で「十億のPR費をくれれば、バーチャルボーイを軌道に乗せる自信はあるんだ」ということはよく言っていました。

ゲームボーイポケット

1996年（平成8年）発売当時の価格＝6800円

横井氏はバーチャルボーイを最後に任天堂を退社するつもりでいた。しかし、バーチャルボーイは営業的には失敗に終わってしまったので、予定を変更せざるを得なかった。ここに横井氏の任天堂に対する複雑な気持ちを見ることができる。

もともと、横井氏は五十歳を過ぎたら、自分の裁量で自由にゆったりと仕事ができる環境がほしかったという。退社をしたのも、その人生プランを実行したまでの話なのである。しかし、世間は退社というものをなかなか素直に見てくれない。退社をすれば、任天堂に対する不満で辞めたのだとか、バーチャルボーイの責任を取って辞めたのだと取られることはじゅうぶんに予想できる。退社するにあたって誰からも後ろ指を差されない「完璧な円満退社」を目指したのだ。それだけ横井氏は任天堂という会社を愛していたのだ。「私は任天堂に入社できて本当によかったと思っています。就職先のない私を拾ってここまで育ててくれたのですから、その恩義は感じないわけにはいきません」。横井氏は、退社時期を延ばして、最後の置き土産「ゲームボーイポケット」の開発を進めた。

ゲームボーイポケットは、ゲームボーイをさらにコンパクトにしたゲーム専用機で、初代のゲームボーイはバッグの中などに入れて携帯するサイズであったが、このポケットは洋服のポケットに入れることが可能なサイズまで小さくすることができた。いわば、ゲームボーイシリーズの総仕上げといった感じの仕事だ。

ハンディからポケットへ

私自身は、バーチャルボーイを最後に任天堂を退職するつもりだったんですけど、それがあまり軌道に乗らなかった。ここで最初の予定どおり退職したら、この失敗の責任をとって退職したと世間はとるでしょう。そこで、ある程度置き土産になって、すぐに商品化できるものということで、「ゲームボーイポケット」を開発したのです。

もともとゲームボーイは、いろいろな余裕をみて、サイズが大きくなっていたのです。例えば、電磁波もれ対策のための部品を組み込んだりとか。ところが実際にはそんな必要はなかった。また、最初はマンガン電池を使うことが前提でしたけど、今はアルカリ電池が主流になってきた。つまり、乾電池の容量が二倍になったのですね。ですから、単四電池にしたら、もっと小さくできて、同じ時間持つものができるのじゃないかと。電池寿命は単四で十時間というのを目安にしました。

もともとゲームボーイは、ポケットのサイズ

左がゲームボーイ、右がゲームボーイポケット

にしたかったのです。ところが当時はいろいろな理由があって、大きくなってしまった。だから、ハンディサイズとはいえるかもしれないけど、ポケットサイズとは言えないという感覚があったのです。それと、私の知り合いが携帯電話を買いましてね。理由を聞いたら「以前は大きくて嫌だったけど、ここまで小さくなったから」と言ったんですね。ですから、ゲームボーイを小さくすれば、新たなユーザーが増えるのではないだろうか。内ポケットに入るサイズになれば、大人でも旅行に持っていこうかなという気になりますからね。

それで、実際にサイズを検討したら、三日か四日で結果が出て、ポケットのサイズになった。これだったらいけるという感じでしたね。

ゲームボーイは「ゲームの基本」

ゲームボーイは、当初からいわゆる「静かなブーム」なんですね。いつも一定の売れ行きを示している。でも、ソフトハウスは、やっぱりスーパーファミコンのソフトを作りたがるんですね。そっちの方が、価格が高いので当然利益率が高い。それで、私の部署でソフトを地道に作って、根強い評価を作ってきたという感じはします。

ゲームボーイというのは「ゲームの基本」なんです。テレビゲームがどんどん色数、立体の方向に進んでいますけど、ゲームボーイでテトリスのようなゲームを発売したら、またブームになる可能性はじゅうぶん秘めていると思います。

ゲームボーイポケットのパッケージ

第5章　横井軍平の哲学

1997-20XX

横井軍平の生い立ち

製品に関するインタビューの合間に、横井氏の子供時代、学生時代の話をうかがった。ひとことで言って、まるで映画に出てくるような青春時代である。特技がピアノに社交ダンス、趣味が自動車にスキンダイビング。女の子にはもててもてて困る。まるで「京都の若大将」と呼んでもいいぐらいの青春時代だ。ところが、映画の主人公のような人生の中でも、子供の頃から工作、もの作りというのは忘れたことがなかったという。横井氏も、なぜ自分がここまでもの作りに熱中するのかははっきりとわからないという。生まれ育った家庭は、ごく普通のサラリーマン家庭。特に、工学とか自然科学に親しい雰囲気があったわけではないという。あえてそのようなエピソードを拾いだせば、横井氏の祖父の話がある。横井氏の祖父はたいへん手先が器用で、米粒に「君が代」全文を筆で書いて、それを天皇陛下に献上したということだ。横井氏自身も、自分の手先の器用さは祖父から受け継いだのではないかと考えているそうだ。

ピアノとの出会いが、自分の出発点

私は四人兄弟の末っ子でして、子供の頃は別に器用だともなんとも思わなかった。子供の頃、父親がピアノを買ってきましてね、いやいや習わされたんです。毎週土曜日に先生が来て、兄弟四人全員が教わったんですけど、上から順番に落伍していって、私だけ残ったんです。

このピアノというのは、音楽と数学と自然科学との結びつきが強いんですね。ですから、私の人生で音楽というのは大きいですね。ここから私のもの作り人生が始まったのかもしれません。子供の頃の成績はあまりよくなかったですけど、理科と音楽だけはよかったんです。

鉄道模型に熱中して、マスコミに初登場

小学校のとき、父親に頼み込んで買ってもらったのが0ゲージの鉄道模型でして、これははまりましたねえ。中学になったら、雑誌が取材しに来て、それがマスコミに登場した第一号ですよ（笑）。父親がものすごいきれい好きで、鉄道模型のジオラマみたいなレイアウトを固定

して置いておくと怒られるんですよ。だから、レイアウトを折り畳み式にしたりとかね。そういうところで苦労しているのが、今のもの作りに利いているんでしょうね。子供の頃は、ブリキの玩具とかロウソクのぽんぽん船ぐらいしかなかったですから、自分で工夫するしかなかった。

とにかく熱中しましてね。ジオラマ用の紙粘土をこねていて、ぜんぜん休まずこねていたら、ぶっ倒れてしまったことがありました。あとで聞いたら、肩凝りで目まいを起こしたって(笑)。そこまで熱中したんですね。

柔道部に入って、講道館二段と対戦。鎖骨骨折で退部

高校のとき、少しだけ柔道部に入ったことがあります。子供の頃から自転車通学をしていたので足腰が強くて、それに高校のときは八十キロぐらい太っていた。それで柔道部に誘われましてね。柔道部に入って、いきなり黒帯を投げ飛ばしてしまったんですよ。それで対抗試合に出ることになってしまいまして。そしたら、講道館二段というのが相手に出てきてしまったんです。講道館二段というのは、ただの黒帯二段より格段に強い。思いっきり投げ飛ばされて、鎖骨骨折ですよ（笑）。それで柔道部を辞めた。たった二週間の柔道部時代です。

社交ダンスを始めたら、女の子にもててもてて……

骨折が治ったころ、たまたま自宅の裏に社交ダンスの先生がいまして、ダンスを習いました。大学のときに、コンペティションに個人出場してタンゴの部で二位に入ったりしたんですよ。ダンスを始めたのは、やっぱり女の子にもてると思ったからですね（笑）。確かにもてた。でも、もてすぎて困った（笑）。

ダンスというのは、女性とパートナーを組むでしょ。彼女と毎日トレーニングシャツで練習するわけですよ。すると、もう彼女がいないとダンスが成立しなくって、夫婦みたいな感じになってくるんですね。相手は当然結婚したいという意思を持ってくるんですけど、私はそんなつもりないですからねえ。そのパートナーがひとりじゃないんですから、もう、困った。私がダンスをやめたのは、それが原因です。もてすぎてやめた（笑）。

ダンスというのは、人間工学的にものすごく考えなければいけないんですね。ですから、今ゴルフをやっても、フォームなんかはすぐマスターする。うまい人の真似が簡単にできるんです。これも器用さの一つですね。

それでももの作りが人生の中心だった

こういうと、なんだか「京都の若大将」みたいな華々しい青春時代だったように思えるかもしれませんが、やっぱりもの作りが私のメインですね。だから、もの作りを始めると、女の子がデートに誘いに来てもみんな断った。黙々と夜中まで、もの作りに熱中していました。でも、女の子というのは面白くてね。デートを断ると、よけい誘いたくなるんですね（笑）。それでまたもててしまって（笑）。

私の中ではずっともの作りが中心でしたからね、任天堂に入ってほんとうに幸せでした。今までは自分の小遣いで材料を買ったりしなければならなかったのに、それを会社が買ってくれて、その上給料までくれるんですから。もう会社が楽しくってしかたがなかったですね。長期の休みになると、かえってストレスがたまってしまう。早く出勤したいなんて思ってました。

自動車を乗り回していて、世界初のカーステを開発

自動車なんかも好きで、ずいぶん乗り回していましたけど、やっぱりカーステレオをつけてみたりしていました。たぶん、世界初のカーステです。当時は車と言ったら、ラジオしかないんで、テープレコーダーをラジオに接続したんです。だけど、やっぱり走行中は揺れで音がひずむんですね。それで、独自の機構を考えて改造したりとか。それから、三、四年してからですよ、クラリオンがカーステを発売したのは。だから、友人と「なんだ今ごろ。あんなのおれたちがとっくにやっている」と笑っていました。

野球の中継なんかを録音しておきましてね、夜中に走って、信号待ちで隣に車が並んだら、大きな音で中継を再生するわけですよ。すると、隣のやつが、一生懸命ラジオをひねって野球中継をしているチャンネルを探すんですね。それが面白くてねえ。当時は、そんな録音なんかできるとは誰も思ってないですから。

大学時代のクラブ活動というのは、あまり熱心ではなかったですね。僕はボーイソプラノが美しくて（笑）、コーラスなんかやっていたんですけど、やっぱり友達と遊ぶのが楽しくて、

スキンダイビングに熱中しました。もりを自分で作って、それで魚を捕るんです。京都から日本海までって百キロぐらいあるでしょう。それを毎週自動車を走らせて通っていました。

もの作りがすきなのは、やっぱりガキ大将気質

私がもの作りに熱中したのは、どこかにガキ大将気質があったんでしょうね。自分で作ったものを見せて、まわりにどうだと自慢する感覚ですね。もの作りが好きな人には、作ることを自分で楽しむタイプの人と、作ったものを人に見せてびっくりさせるのが楽しいタイプがあると思いますが、私は完全にびっくりさせる方なんです。考えてみたら、今も子供の頃も、自分の作ったもので他人が喜ぶ姿を見るというのがいちばんの快感です。その意味では、私は子供の頃からずっと同じことをやってきているに過ぎないんですね。

ものを作るときは、とりあえず作って直す、作っては直すというタイプではなくて、最後まで頭の中で考えて全部が固まってから、制作に入るタイプでしたね。いちかばちかで始めると、必ずやり直すことになるということは経験からわかっていましたから。だから、任天堂に入ってからも、まず最終の出来上がりをイメージするわけです。それから、部分部分を考えていく。

そうすると、企画したものが確実にものになっていくんです。だから、私の部署は、任天堂の中でも企画が頓挫することが少なかった。部下からも指示がはっきりしている、進む方向が明確だという評価はもらっていますね。

だから、没になった商品というのが本当にないんですね。もちろん、作り始める前に頭の中で没にしているんです。もの作りというのは、用意周到に計画を立てて進まないと無駄なことに終わってしまうことが多いんです。だから、私が「完全犯罪ができる」と言ったら、ぜったい完全犯罪なんですよ（笑）。

これからクリエイターを目指す人に

この本を読んでいる読者の中には、横井氏と同じような企画開発の仕事を目指そうとしている人、あるいはゲームクリエイターになろうとしている人なども多いだろう。現代のようにあらゆる業界が成熟しきっていると、「これから世の中に出ようという人には大変な障壁が立ちふさがる。それは、身につけなければならない知識が膨大な量に膨らんでいることだ。「専門ばかになるな。ジェネラリストになれ」というセリフはあちこちで耳にするが、これほど言うは易し、行うは難しのものもない。ある程度の専門知識がなければ、大きな仕事どころか、小さな仕事さえやり遂げることができないからだ。かといって、専門知識の吸収ばかりやっていたのでは、まさしく専門ばかになってしまう。この辺の兼ね合いがたいへん難しいところなのだ。

こういうジレンマをどう捕らえて、克服していったらいいのか。横井氏に本書の読者へ送る言葉として語っていただいた。

技術者は、見栄を捨てることが大切

まず、専門の技術者というのはね、難しい技術を使わなければものができないという誤解をしている面が多いと思うんです。私がユーザーの立場になってものを作りたいと思ったら、ものすごく手っ取り早く作れるものから考えていきますね。

大げさな機械というのは、簡単なものが徐々に発達してできてくるんですけど、技術者はいきなり最終の大げさな機械を一生懸命やろうとするから無駄なものができてしまう。本当に最初は道具みたいなものでかまわないからスタートしてみて、それに肉付けしていくと、中間ぐらいのものができるかもしれないし、意外と最初に作ったものがいちばんよかったりするんです。そういうものがヒット商品につながっていくのだと思います。だから、売ることに徹すること、技術者の見栄を捨てることが、私の開発哲学です。そう思って今までやって来たものが、そこそこヒットしているので、そうはずれた考え方ではないだろうと思っています。

ですからね、タマネギを刻む機械だって、モーターで刻むのいいかもしれないけど、ユーザーの立場で考えてカンナで削るのが早いとなったら、それが本当の商品ですよね。

すべてを自分でやろうとしてはいけない。専門家にまかせることを考えよう

私には専門の技術というものがないんです。全体をぼんやりと知っているという程度です。なにかを作るときに、この技術、あの技術が必要だというときに、それを自分で勉強してから始めるのではなく、専門家を集めてきたらいいんです。そうすると、開発のキーマンというのは「じゃ、おまえは何やってたんだ」と言われるのが怖くて自分で勉強してしまう。それが間違いにつながると言っているのです。

専門家を集めてきて作ったら、もっともいいものができるのは当たり前のことです。これがヒット商品につながるんです。

また、そういう全体が見られる人間が世の中に少ない。みんな、細く深く技術を習得していこうという姿勢になるんですね。まあ、そうしないと技術者として光るものがないということにもなるんですけど。だから、私のような人間は、技術者から見れば「なんだ、この落ちこぼれ」ということになるんでしょうけど、ヒット商品が二つも出れば、落ちこぼれなんて言葉は

どっかに消えてしまうんです。

技術者になるな。プロデューサーになれ

こういうプロデュースしようという発想が、技術者的でないと言えば、そうなんですね。技術者というのはどうしても「じゃ、お前やってみろ」と言われるのが怖いですからね。私の仕事のやり方は、「私はこれ以上詳しいことはわからないから頼む」とまかせてしまうんです。で「結びつきは私にまかせてくれ」という持ち場の分担をするわけです。そうすると、各グループがなんとかしようと最高の知恵を出してくれるんですね。これが「こうやれ」と高圧的に命じてしまうと、そのグループは動かない。「そこまで言うんだったら、あなたの言う通りしますけどね」と言って知恵を出してくれない。ところが、まかせてしまえば、技術者がやる気を出して、いろいろな提案をしてくれるんです。もちろん、その提案は他のグループともかかわりが出てきますから、それを私が調整するんですね。

プロデューサーに必要なのは、専門知識でなく、ものの根本の理屈

もちろん、プロデューサーというのは、技術について広く浅く知っておかなければなりませんけど、せいぜいが小学校の理科、自然科学といった程度でいいんです。例えば半導体なんてものがありますけど、中身なんかわからなくていい。中身を考える専門家がいるんですから、それをどうこう言うこと自体おかしいんです。まかせてしまえばいいんです。

技術力というのは実は勉強ではないんですね。ものの根本といいますか、理屈がわかっていないといけない。理屈がわかっていれば、どんどん応用が利いてくるんですね。難しい計算ができるのが偉いんじゃなくて、その計算をしたら何に役立つかがわかることが大切なんです。細かい部分を知っているということではないんですね。

若い人には外側から見る目と勇気を持ってほしい

システマティックな業界というのは、確かに閉塞感があるんですけど、それはその業界の中だけでものを見ているというところもあるんじゃないでしょうか。それを私みたいな自由な立

場の人間が端から別のアイデアと結び付けると、びっくりされるんです。閉塞感を打開するには、誰かが外から見直すということが必要なんです。一つのグループの中で悩むんだったら、外の景色でも見たらということですね。

人間はどうしても既成概念や先例にしばられてしまいますから、それを打破する勇気を若い人に持ってもらいたいとは思います。ただ、私は任天堂という未熟な会社に入ったということも幸運だったでしょうね。開発部なんてなかったですから。だから「売れるものが、もっとも会社にとっていいんだ」ということに徹することができた。それで、誰も反対しなかったし、批判もしないし、「お前の技術力がどうのこうの」と言われることもなかったですし。

本当の問題は、若い人よりも上に立つ人

今の世の中で、若い人が思い切った新しいことをやろうとすれば、上から押さえつけられることは目に見えている。だから、逆にそういう押さえつけをなくすということを上に立つ人に提言したいですね。具体的に言えば、若い人がアイデアを出したら、それを若い人間という目で見ないで、真剣に考えてみるということが大切です。

私は任天堂時代は、会議で新入社員の口をいかに開かせるかということをずいぶん考えました。若い人が「私なんかが発言したって」とこだわってしまったらもうおしまいですから。宴会みたいな会議をしてみたり、自分からあえてばかばかしいことを口にしてみたりとか、ずいぶんと工夫しました。私の新入社員時代は、私みたいな若造の言うことを反対する人がいなかったわけですから、それと似た環境を上に立つ人間が作ってやらなければいけないんですね。

例えば、私ともうひとり若い社員がいたとして、同じことを提案したら世間は絶対私の言うことを信用する。それがいけないんですね。若い人間がなにかを発言したら、なんとかそれを活かそうという努力が大切なんです。それが上に立つ人間の能力なんです。それで一つでもうまく商品ができあがったら、彼はたいへんな自信を持ちますし、雑なこととかいいかげんなことは言わなくなります。裏で必死に勉強してから発言するようになるんですね。それでヒット商品が出たとしたら、当然「あの商品は誰が考え出したんだ」という話になってくる。そのとき、どうしても上に立つ人間が「俺が、俺が」となってしまって、部下の手柄を横取りしてしまうことになる。でも、彼の上の人間も同じこと考えているかもしれない（笑）。いろいろな経営者の話を聞いてみると、千差万別で面白いですね。「社員のやったことはすべて俺がやったことだ」と言う人もいれば、「あれは社員がやったことで私は単なる経営者だ」と言う人もいる。私は、単なる経営者だと言う人の方がすごいと思います。大きなことができると思う。

若い人間がどうすべきかということを論ずるには、国から変えていけという話になってしまう。てっとり早いのは上が変わることなんです。若い人にどうこうと言うよりは、私としては上に立つ人間に度量をもってほしいと言いたいですね。

「売れる商品」を作るには

技術者の陥りやすい誤った考え方

私は三十年間、任天堂という会社でいろいろな商品を作ってきた中で、技術者のものの考え方、技術者が間違った考えに陥りやすい面というのを嫌というほど見せつけられました。技術者である私自身がどうして曲がりなりにも商品を世に送りだすことができたか。いわゆる平均的な技術者の考え方のどこが間違っているのか。その点について触れてみたいと思います。

私がやってきたのは、娯楽品の世界です。娯楽品というのは実用品とはまるっきり違う世界です。実用品というのは、これがあると便利であるとか、ものが早くできるとか、台所用品なんか全部実用品ですね。それに対して、娯楽品は「不要不急の商品」です。つまり、必要ない、急がない。言い換えれば、どうでもいい商品です。こういうことにたずさわってきたわけです。

これが娯楽の世界です。

実用品にはニーズというものがあるわけです。ニーズを求めて、それに対応して商品作りをするというのが本来の姿です。それに対して、不要不急の商品のニーズとはなんでしょうか。端的に言えば「暇つぶし」です。ですから、暇つぶしのニーズを探り出すというのは、そう簡単にはいかない。「なにをしたら楽しいか」というのはなかなか見つけにくいものです。私がものを考えた背景にはそういうニーズを感じていたんですね。ロッカーの向こうをのぞきたいとか、新幹線の中ですることがないとか、そういう小さなことが、商品開発のニーズとして重要なんですね。

ユーザーは何を「求めていない」か

このニーズ。誰が発しているかと言えばユーザーです。使う人、遊ぶ人ですね。そのニーズを聞いて作る人。これが技術者ですね。本来、商品開発というのはニーズがあって、それを技術者が聞いて商品化するというのが普通のパターンです。ところが、ここに非常に大きな落し穴があると私は思います。というのは、技術者というのは意地というのを持っています。たいがいの技術者が持っています。あるユーザーがあるニーズを言ったときに、それを聞いて技術者がものを作っていこうとすると、自分の技術で「あれもできる。これもできる」ということで、ユーザーが求めている以上のことを付け加えてしまう。だから、電子レンジなんかで使い方がよくわからないというものがたくさんある。あれは技術者の遊びですよ。あれをつけても十円しかコストアップにならない、これをつけても二十円だということで、そのわずかなものがよせ集まってくると、べらぼうな金額になって、その上に使い方がわからないという最悪のことになってくる。

　私が商品開発をしているときも、技術者にユーザーが何を求めているかを伝えることは簡単です。しかし、「ユーザーが何を求めていないか」を探し出すのは非常に難しい。例えば、モノクロとカラーのどっちがいいとなったら、誰でもカラーがいいと言うに決まっている。しかし、それを本当にユーザーが求めているのか。「そのデメリットは電池が早くなくなって、製品価格が高くなって」と説明できる人は少ない。それを自分なりに判断して、「ユーザーはこう言っているけど、本当のニーズはこうなんだ」ということを技術者に説明するインターフェイスの役目をする人間が絶対必要なんです。

「すごい商品」はユーザーには必要ない

私は去年（1996年）の八月に任天堂を退社して、コト[1]という会社を設立しました。そうしたら、こういう仕事をしている人間が非常に少ないということを思い知らされました。いろんなところが、大手を含め、小さなところまで、私のところへ、ものの企画のやりかた、アイデアの発想法を聞きに来られます。そのときに言うのが、「インターフェイスになる人を作りなさい。その人は決して優秀な技術者であることは必要ない。センスがある人、感覚が優れている人にそういう仕事をやらせなさい。それを直接技術者がやったんでは、あれもできるこれもできるで、すごい商品を作ってしまう。すごい商品はユーザーには必要ないんです。売れる商品が必要なんです。『何をはずすか』を責任を持って言える人にそういうインターフェイスの仕事をさせて、その人を中心に商品企画をしなさい」ということですね。

このインターフェイスの仕事というのは、実はたいして難しいことではなくて、一つのことに気をつけさえすれば簡単なことなのです。私も経験がありますけど、ユーザーの話を聞いて自分で作っていくと、なんかそこで自分を誇示したいという気持ちが出てきてしまう。図面を書いていても、一本線を入れれば、こんなに便利になると考えてしまう。しかし、その一本の線がいかに間違いを犯しているかに後で気がつくんですね。もっと極端なことを言えば、自分で書いた図面が非常にきれいにできた。ところが後で一本の線がいらないことがわかった。でも、消すと修正がきかなくなるので、そのまま出してしまえと、そのぐらいまで技術者はやってしまう。商品に直接携わっていない、好きにものを言える人がコントロールをしていけば、こういう無駄がなくなって効率のいい商品ができるんではないでしょうか。

1　株式会社コトはLSI設計から装置開発、そしてホビーに関する製品まで、エンタテインメントに関わるソフトウェアとハードウェアの両面の研究・開発を行なっている会社。横井によって1996年に設立された。

技術に惚れ込んではいけない、水平思考をしろ

それともう一つは、自分の企画についつい惚れ込んでしまうということがあります。任天堂

時代にもそういう人がアイデアを持って売り込みにくるわけです。話を聞いてみると、口から泡を飛ばして惚れ込んで説明するんですけど、横から聞いたらバカかなと思うくだらないアイデアなんですね。開発者というのは、えてしてそういう間違いに陥りやすい。私がいつもどういう気持ちでいるかというと、自分で企画した商品がデパートで売っていると。そこで、私が考えた商品じゃないとして、それをお金を払って買う気になるかどうかということをいつも自問自答しているのです。つねに第三者の目で、自分のやっている仕事を見直すことが非常に重要なことだと思います。

それと、技術者というのは自分の技術をひけらかしたいものですから、すごい最先端技術を使うということを夢に描いてしまいます。それは商品作りにおいて大きな間違いとなる。売れない商品、高い商品ができてしまう。先端技術がどこから生まれてくるかというと、よくあるのが軍事技術ですね。電子レンジなんかも武器として開発されたものが家庭に入ってきたのです。技術者というのは技術を理解すると、それをなんとか使ってみたくなる。しかし、そんなものは一般の民生品には値段が合うわけがない。売れないような高いものになってしまう。

私がいつも言うのは、「その技術が枯れるのを待つ」ということです。つまり、技術が普及すると、どんどん値段が下がってきます。そこが狙い目です。例えば、ゲーム&ウオッチというのは、五年早く出そうとしたら十万円の機械になってしまった。電卓がそれくらいしていたわけです。それが量産効果でどんどん安くなって3800円になった。それでヒットしたわけです。これを私は「枯れた技術の水平思考」と呼んでいます。つまり、枯れた技術を水平に考えていく。垂直に考えたら、電卓、電卓のまま終わってしまう。そこを水平に考えたら何ができるか。そういう利用方法を考えれば、いろいろアイデアというものは出てくるのではないか。

部下に花を持たせれば、果実となって返ってくる

最後に、そういう開発マンをどうしたら育てられるかということをお話しします。ものを開発する人間というのは技術者ですけど、技術者というのは非常にプライドが高く、使うのが難しいものです。私も任天堂時代も六十人の技術者を抱えていましたけど、それをどうしたらうまく百パーセントの力を出してもらえるかというと、彼らを表に出してやるということがいちばん重要だということがわかりました。

どういうことかというと、若い技術者が素晴らしいアイデアを持って上司に提案してくる。

すると、多くの上司はその手柄を自分の手柄としてもう一つ上に持っていってしまうのです。それをやると、若い技術者は二度と発想してくれない。ばかばかしいということになってしまう。それを感じたので、私は技術者が発想すると、彼を連れて社長のところに行って、「彼がこんなことを言いました」と言うわけですね。そのぐらいの度量がなければいけない。

加えて、私がやったのは、私がなにかアイデアをひらめいてそのパテント（特許）を申請する。そのときに開発を手伝ってくれた部下の名前で申請してやるというぐらいのことまでやりました。だから、任天堂の書類を調べると、私が考えたものでありながら、私の名前が出ていないというものが半分ぐらいあります。それはすべて私の部下に「おまえの名前にしておけ」と言って持ち上げたわけです。そうすることで、いずれ彼らが私のために一生懸命働いてくれるようになるのです。そういう態度で若い人たちを使っていくと、非常にやる気を出すということなのです。

産業の空洞化は、単なるアイデア不足

私はものを考えるときに、世界に一つしかない、世界で初めてというものを作るのが、私の

哲学です。それはどうしてかというと、競合がない、競争がないからです。日本企業というのはどんどん海外進出しています。それは、安い労働力で安く作らないと負けるからから海外に進出しているわけです。私に言わせれば、そうではない。安く作らないと売れないというのはアイデアの不足なんです。だから、日本国内で作っても高く売れるだけのアイデアを考えたらいいじゃないかというのが私の意見です。それは決して難しいことをしなくても、実に他愛もないことで実現できるのです。

ソニーの「ウォークマン」を見て、私はすごいと思います。ウォークマンというのは、ソニーの技術力でしかできないものだったか。決してそうではない。他の会社だって、ウォークマンを見さえすれば簡単に作ることができたはずです。ところが、ウォークマンというアイデアはソニーしか出せなかった。

売れる商品というのは、真面目に取り組んだらできるんです。最先端の技術を使ったら、かえって売れない商品ができてしまう。だから、「枯れた技術の水平思考」で気楽にものを考えれば、まだまだ売れる商品が作れるのです。

横井軍平のこれから※

※本インタビューは1997年に行なわれたものです。

――任天堂を退社されて、コトという会社を設立されましたが、具体的にどういう仕事をされていくのでしょうか。

任天堂で三十年働いてきましたから、遊びの世界には精通していると思うんです。だから、やはり遊びの世界を主体にコトの仕事も進めていきたいですね。テレビゲームに代わる今までにはないゲーム機とかも考えていますよ。これはまだ企業秘密なので、三年後でないと詳しく言えませんけど（笑）。

また、遊びの世界にだけにこだわらず、実用品の世界もやってみたいと考えています。実用品の世界の方も、私の話を聞きに来るとびっくりされることが多いので、そっちの世界でもやっていけるのではないかという感触は持っています。実用品の世界も、遊びの感覚から眺めてみると、違った方向が見えてくるんです。ですから、エンターテインメントがメインではあるけど、それにこだわらずいろいろな分野にチャレンジしていきたいですね。

――実用品と遊びの世界はそう簡単に結びつきますか。

実用品でも、最近はユーモラスな表現をしているものが結構ありますし、そういうアイデアは無限にあると思うのです。実用品の世界の方と、遊びの世界の私が、互いに足りないところを補って、新しいものが生み出せるのでないかと思っています。

もともと、私自身、成熟している市場に切り込んでいくということはまるで考えておりません。遊びと何かを結びつけて、新しい市場を生み出すというのが目標です。

――具体的に狙いを定めている実用品市場はあるのですか。

例えば、医療分野なんか面白いと思うんです。バーチャルボーイのときに、ＰＬ法の関係で医療分野の人たちと話す機会があった。そうしたら、リハビリなどの世界にゲームの要素を入れると非常にいいという話が出たんです。それは私が得意とする分野と、医療という実用の分野の結びつきですね。リハビリというのは、毎日同じことの繰り返しであまりみんなやりたがらないんですが、それにゲーム性を盛り込むことで、リハビリがものすごく進む。やるなと言ってもやってしまう。子供なんかが熱中して、どんどんリハビリが進んで、それを医者が見ていて「もうここでやめなさい」なんて言えるようになったらいいですね。

こういう仕事は、任天堂のような大きな組織になってしまうと、なかなかやりづらい。ところが、コトみたいな小さな会社だと、小回りが利いてきめ細かくできるんですね。

――すると、ゲームの世界の外にも仕事の幅が広がっていくことになりますね。

今までは、ゲームの世界で「枯れた技術の水平思考」、つまりある技術をそのままストレートに活用するのではなくて、別の発想のもとに活かすということをやってきたわけです。でも、ゲームの世界はある程度成熟して行き詰まってきている。と言っても、ゲームの本質である「楽しみ」というものがなくなってしまったわけではありません。ゲームの楽しさを、医療とか実用品とかの世界に結びつけたらどうなるかということを考えてみたいのです。言ってみれば、「枯れたゲームの水平思考」ということになるのでしょうか（笑）。

横井軍平のらくがき帖より

あとがき※

※『横井軍平ゲーム館』刊行時のあとがきです。

私の人生を振り返ると、それは「学問的落ちこぼれ」から社会人のスタートが始まった。それゆえなのか、「自分一人では何もできないから人の助けが必要なんだ」という感覚が心の奥に常に存在する。

私の開発した商品がヒットしたのは、その業務に携わった開発、生産技術、資材購入、製造など、多くの仲間の協力と任天堂の販売力があったからこそ実現できたと思う。そのため私は常に「人の和」というものを大切にしている。

任天堂開発部長時代、部内では人の上下関係をできるだけ取り除く雰囲気作りを心がけ、「部内に一歩入れば部長も課長も平社員も皆同じ」を提唱していた。これを部員は「ヨコイズム」と呼んでいた。

ある年の暮れ、部内の忘年会が企画された。部長一万円、課長八千円、その他五千円が会費だった。その忘年会の冒頭、幹事から部長の挨拶をおおせつかり話を始めた。「私は常々人の和を大切にするよう呼びかけていました。部内では部長も、課長もなく皆対等になろう、という心がけが部内のなごやかな雰囲気を作ってきたと思います……なのに部長の会費が一万円とはどうゆうことだ」

神妙な態度で聞いていた部員がズッコケタのは言うまでもない。

私のような落ちこぼれ人間にこのような本が刊行できるとはなんとラッキーなことか。思い起こせばそれは任天堂の山内溥社長に拾われたことに始まり、開発のノウハウを当時の任天堂専務、澤井末造氏に学び、人の和の大切さは百瀬製作所所長、百瀬弌男氏の影響を受けたことに尽きる。

またゲームボーイの開発では、一年以上にわたって地味な研究を続けてくれた当時の開発課長、瀧良博、出石武宏両君なくして実現できなかったであろう。今はこれらの方々に心からお礼を述べたい。また今は亡き澤井、百瀬両氏のご冥福をお祈りする。

おわりに、この本の刊行を企画された榎本統太氏、共感を呼ぶ素晴らしい文章で仕上げてくれたライターの牧野武文氏に感謝の気持ちを捧げたい。

平成九年四月

横井軍平

解説

ブルボン小林

「早すぎる死」という言葉がよく使われる。平均寿命と照らせば、人類の半数以上は「早い死」を遂げているわけだ。

身近じゃなくても、どこかの誰かが死ぬのは悲しいものだ。それが好きな、尊敬する人の「早い死」ならば余計に残念なことだろう。

でも、そうかな、とも思う。だって皆、死ぬ。

誰もが突然死ぬかもしれぬという平等な条件の中、文字通り「必死に」生きている。だから「好きな」「尊敬する」なんて印象を他者に与えられる程度に生きた人は、その「印象を与えた」というだけでじゅうぶんなのでは、とも思う（ヒドイ、という以前に寂しい考え方だとも思うが）。

だから、冷淡なようだが「早すぎる死だった！」と嘆く死が、僕にはほとんどない。尊敬する手塚治虫も藤子・F・不二雄も六十歳そこそこの「早さ」で亡くなった。ジョン・レノンは四十歳、ボブ・マーリーは三十六歳で世を去った。生き続けていれば、偉大な作品を今なお生み出してくれたかもしれない。
たしかに残念だ。だが、彼らに対しては「ある程度は生きざまをみせてもらったぞ」という実感もあるのだ。

横井さんなら

そんな僕にも死んでほしくなかったなあと思う人がいる。ナンシー関と横井軍平だ。ナンシー関はテレビ、芸能評論家として、横井はゲーム（機）の作り手として、ともに優れた「作品」を残しているが、ただ優れた作品を残されたというのとは別の気持ちが、没後何年も経つのに今なお残る。「念」が「残る」という意味で、残念なのだ。

「横井さんなら、なんて言うだろう」「横井さんなら、なにを作っただろう」さまざまな局面で、ふと思う。生命の樹系図の、進化しなかった方の枝を夢想するように。幹から枝を分岐させるような仕事には、ジョン・レノンや手塚のように大きな根を作る偉大さとは異なった種類の価値がある。

ただ「偉大な作品」を残したということと別に、僕にとって横井さんは世界を見張るアンテナのような存在でもあった。ナンシー関は消しゴム版画という「物体」のほか、ストレートに「言葉」で世界を見張ったが、横井軍平はもっぱら、作品だけで語ってみせた。

初代ゲームボーイのサイズと白黒画面は、それ自体がテレビゲームへの批評になっている。任天堂を退社し別の会社を「作った」こともまた、(円満退社であり、含むところのない退社だったとはいえ、結果的に)そのふるまいとタイミングに、ゲーム界への批評がみてとれる。

どちらの「批評」も、なんと力強く雄弁なことだろうか。横井さんが任天堂を退社してから、ゲーム界は特に縮小しなかった。経済的にはむしろ世界的な巨大産業になっている。だがあのころからゲームが「発展」したという実感が我々にどれほどあるだろうか?色数やスピードを追い求めたゲームが広まったのは、多くの遊び手たちが「望んだ」からでもある。ワクワクしながら進化を期待した。次の世界にはどんなすごいことが?と。その期待はごく自然なことだった。あの時代に、そこから後ろを向いて任天堂を退社できる人はいなかった。

尊敬すべき「リア充」

肥大化する進化に、果実が一つも実らなかったというわけでもない(「グランド・セフト・オート」のような面白さは、ゲーム機の進化なくして生まれなかっただろう)。だが今、任天堂は性能ではなく、体感的な「遊び」を標榜したWiiを発売して、ゲームのしきり直しを必死に計っている。そのことは、大事なキーパーソンを欠いたせいで、十年がかりでおおいなる寄り道をしていたのではないか、という風にみえてくる。

本書は「作品」ではない、彼の数少ない「言葉」の集積である。横井さんと言えば「枯れた技術の水平思考」という、いかにもキャッチーなフレーズだけが有名だが、その言葉の内実がここではより具体的に語られている。

それは単に「枯れた技術を大事にしよう」といっているのではない。古きよきものにシンプルな良さがあるとか、ましてや「味わい」があるというようなフェティッシュな言葉ではない。年をとった遊び手が「レトロ」ゲームという言い方で懐古するだけのふるまいとも一線を画すものだ。

「思考」なくして（枯れた）技術も活きないということが、大ヒットしてきた（説得力に満ちた）実例とともに語られる。テレビや芸能人に詳しくなくてもナンシー関の言葉は面白いように、本書がモノ作りをする多くの人に愛されたというのがよく分かる。

インタビュアー牧野氏の功績も大きい。質問は的確だし、余計なことを掘り下げないところもいい。なにしろ面白い逸話が多いから、どこまでもオタク的な秘話だけを掘り下げることもできただろうが、「逸話」ではない、横井氏の「思い」に肉薄しようとしている。その結果得られた肉声から、彼がゲーム界にほとんどいないマチュア＝大人だったことが分かる。女にもてて（手をつなぐだけでは満足しない）、仕事にプライドや意地を持つ（ただの運転手ではない）。謙虚さと別の、生々しい言葉の数々に心うたれる。尊敬すべき「リア充」がここにいる。

今はゲームに限らず音楽、映画、書籍とダウンロード販売の時代になっている。なべてもテレビゲームはデータだから、実体がなくなってきているように思えるけど、だが本当は「具体」物だ。

マジックハンド、にぎる女の子の手、隠して遊ぶゲーム＆ウオッチ。持ち運びするゲームボーイ。その先に、ＤＳやＰＳＰではなくて、本当はなにがあったのだろう。

思いを馳せ、やはり残念という「気持ち」になる。これからも時代の節目ごとに思い返していくだろう。

ブルボン小林　1972年生まれ。著書に『ぐっとくる題名』（中公新書ラクレ）、『ジュ・ゲーム・モア・ノン・プリュ』（ちくま文庫）、『ゲームホニャララ』（エンターブレイン）など。

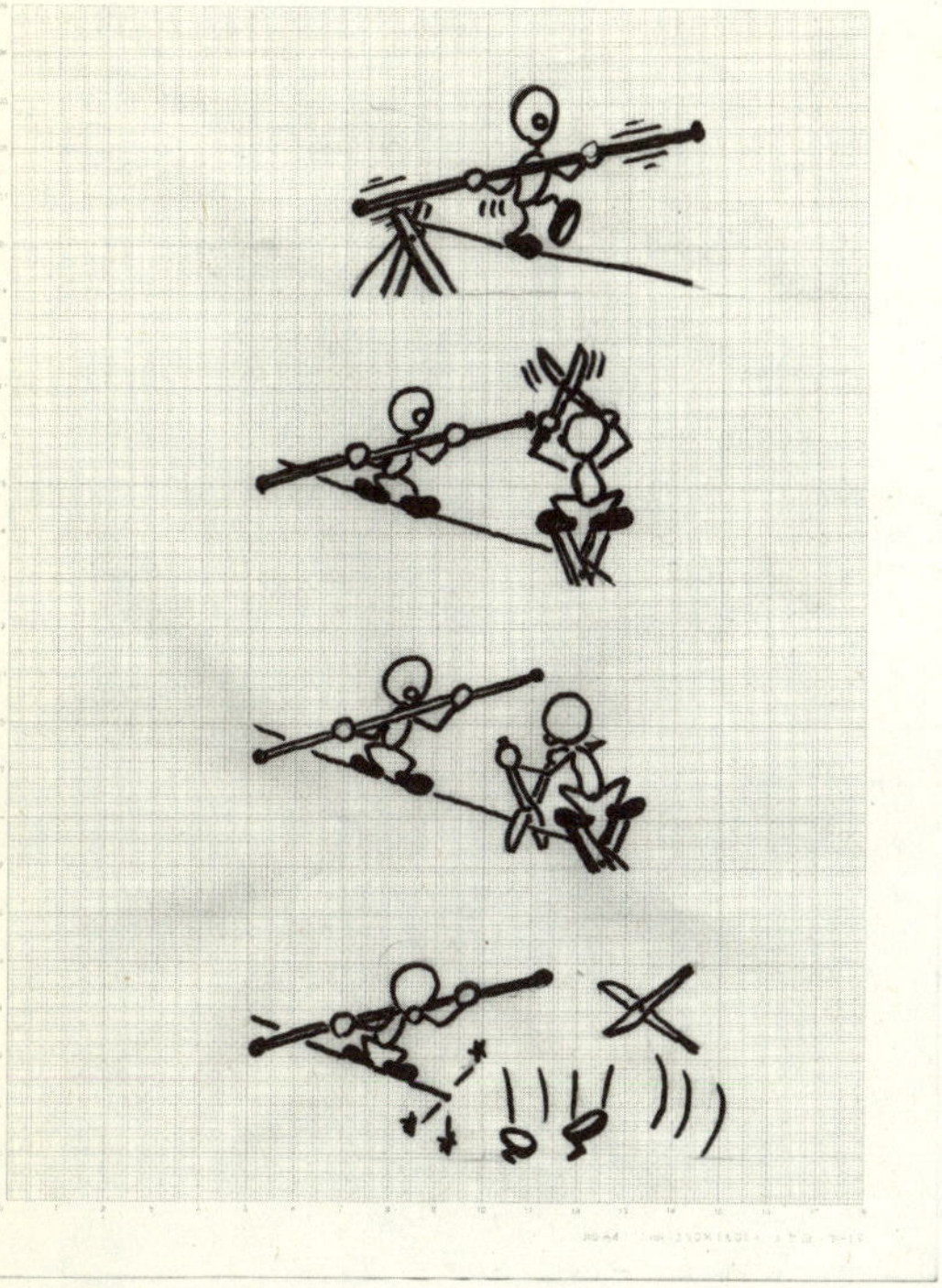

横井軍平のらくがき帖より

横井軍平作品年表

編集部調べ　協力：山崎功

※はプロデュース作品

年	作品	主な出来事	この年に発売されたヒット商品（メーカー）
1967（昭和42年）	ウルトラハンド	第三次中東戦争	リカちゃん人形（タカラ）
1968（昭和43年）	ウルトラマシン	川端康成ノーベル賞受賞 三億円強奪事件	わんぱくフリッパーの水中玩具（ポピー） ポケベル（日本電電公社）
1969（昭和44年）	ラブテスター	東大安田講堂占拠の学生排除 東名高速道路開通	アサヒペンタックス6×7（旭光学）
1970（昭和45年）	光線銃SP エレコンガ N&Bブロッククレーター	日本万国博開催 日航「よど号事件」	ミニカー「トミカ」（トミー）
1971（昭和46年）	ウルトラスコープ 光線電話LT	大久保清連続女性殺人事件 成田新空港反対闘争	アメリカンクラッカー（アサヒ玩具） カラオケ（井上大祐）
1972（昭和47年）	レフティRX タイムショック	連合赤軍事件 日中国交正常化	消える魔球付野球盤（エポック）
1973（昭和48年）	レーザークレー（業務用）	金大中事件 オイルショック	オセロ（ツクダ）

年	作品	主な出来事	この年に発売されたヒット商品（メーカー）
1974（昭和49年）	ワイルドガンマン（業務用） ファッシネーション（業務用、サンプルテストのみ） シューティングトレーナー（業務用）	小野田元少尉の救出 巨人軍長嶋選手引退	ゲイラカイト（エー・ジー・インダストリー） 世界初のフラッシュ内蔵カメラ（小西六写真工業）
1976（昭和51年）	光線銃カスタムシリーズ ダックハント	ロッキード事件 モントリオールオリンピック	ビデオカセッターHR3300（日本ビクター）
1977（昭和52年）	バトルシャーク（業務用） スカイホーク（業務用） シーホーク（業務用、サンプルテストのみ）	王選手世界新756号 ダッカ日航ハイジャック事件	インスタントカメラ（コダック） アタリ2600（アタリ、アメリカで発売）
1978（昭和53年）	デッドライン（業務用） ファンシーボール（業務用）	成田新空港開港 日中平和友好条約調印	スペースインベーダー（タイトー）
1979（昭和54年）	チリトリー	三菱銀行猟銃人質事件 東京サミット	ウォークマン（ソニー）
1980（昭和55年）	テンビリオン ゲーム&ウオッチ	モスクワ五輪に日本不参加	ルービック・キューブ（ツクダオリジナル） チョロQ（タカラ）

年	作品	主な出来事	この年に発売されたヒット商品(メーカー)
1981(昭和56年)	ゲーム&ウオッチ ワイドスクリーン ドンキーコング(業務用)	福井謙一博士にノーベル化学賞	カセットビジョン(エポック社) レーザーディスクLD-1000(パイオニア)
1982(昭和57年)	ゲーム&ウオッチ マルチスクリーン	ホテル・ニュージャパン火災惨事 大阪府警ゲーム機汚職事件	CDプレーヤー(各社) レーザーカラオケ(パイオニア)
1983(昭和58年)	コンピュータマージャン 役満 クロスオーバー(少量出荷) ファミリーコンピュータ(ハウジングと十字ボタン) ドンキーコングJr.(業務用)	東京ディズニーランド開園 戸塚ヨットスクール事件	ベータムービー(ソニー) キン肉マン消しゴム(バンダイ)
1984(昭和59年)	ゲーム&ウオッチ カラースクリーン ダックハント(ファミコン+光線銃) ワイルドガンマン(ファミコン+光線銃) ホーガンズアレイ(ファミコン+光線銃) マリオブラザーズ(業務用) レッキングクルー(業務用) バルーンファイト(業務用) アーバンチャンピオン(ファミコン)	グリコ・森永脅迫事件 三浦氏のロス疑惑事件	ディスクマン(ソニー) チケットぴあ(ぴあ)

年	作品	主な出来事	この年に発売されたヒット商品(メーカー)
1985(昭和60年)	ファミリーコンピュータ ロボット ブロックセット(ファミコン+ロボット) ジャイロセット(ファミコン+ロボット) ドンキーコング3(業務用) バルーンファイト(ファミコン)	つくば科学万博開催 日航ジャンボ機墜落	8ミリビデオ(ソニー) セガ・マークIII(セガ・エンタープライゼス)
1986(昭和61年)	※メトロイド(ファミコン)	ハレー彗星ブームにわく ダイアナ妃フィーバー	フロッピーディスク(花王) 使い捨てカメラ「写ルンです」(富士写真フイルム)
1987(昭和62年)	ガムシュー(業務用、海外のみ発売) ※中山美穂のトキメキハイスクール(ファミコン)	国鉄からJRへ 石原裕次郎さん死去	PCエンジン(日本電気ホームエレクトロニクス)
1988(昭和63年)	※ファミコン探偵倶楽部 消えた後継者(ファミコン) ※ファミコンウォーズ(ファミコン)	リクルート疑惑事件 ソウルオリンピック	カードダス(バンダイ) ビデオウォークマン(ソニー)
1989(平成元年)	ゲームボーイ ※ファミコン探偵倶楽部II 後ろに立つ少女(ファミコン)	昭和天皇崩御 消費税スタート	ハンディカム55(ソニー)
1990(平成2年)	ドクターマリオ(ファミコン) ※ファイアーエンブレムシリーズ(ファミコン)	日本人初、秋山豊寛の宇宙旅行 イラクのクウェート進行	スーパーファミコン(任天堂) ネオジオ(エス・エヌ・ケー)

年	作品	主な出来事	この年に発売されたヒット商品(メーカー)
1991(平成3年)	ヨッシーのたまご(ファミコン)	雲仙・普賢岳で火砕流 ソビエト連邦崩壊、ゴルバチョフ大統領辞任	携帯電話「ムーバ」(NTT)
1992(平成4年)	ヨッシーのクッキー(ファミコン) ※マリオペイント(ファミコン+マウス)	PKO協力法成立、カンボジアへ派遣 バルセロナオリンピッ	ミニディスク(ソニー)
1993(平成5年)	スーパースコープ6(スーパーファミコン+バズーカ) ※ヨッシーのロードハンティング(スーパーファミコン+バズーカ) ※マリオとワリオ(スーパーファミコン+マウス)	Jリーグ開幕 レインボーブリッジ開通	「ウインドウズ3・1」(マイクロソフト)
1994(平成6年)	テトリスフラッシュ(スーパーファミコン) ※ファイアーエンブレムシリーズ(スーパーファミコン) ※スーパーメトロイド(スーパーファミコン)	大江健三郎氏にノーベル文学賞 村山内閣発足	MDウォークマン(ソニー) セガサターン(セガ・エンタープライゼス) プレイステーション(ソニー・コンピュータエンタテインメント)
1995(平成7年)	バーチャルボーイ	阪神大震災 地下鉄サリン事件	「ウインドウズ95」(マイクロソフト)
1996(平成8年)	ゲームボーイポケット	もんじゅナトリウム漏れ事故 クローン羊『ドリー』が誕生	たまごっち(バンダイ) NINTENDO64(任天堂)

年	作品	主な出来事	この年に発売されたヒット商品（メーカー）
1997（平成9年）	くねくねっちょ へのへの	神戸連続児童殺傷事件（通称・酒鬼薔薇事件） 香港返還	ハイブリッドカー「プリウス」（トヨタ自動車）

＊1997年横井軍平氏没後、98年に「ゲームボーイカラー」（任天堂）、「ドリームキャスト」（セガ）が発売される。99年には「ワンダースワン」、そのソフトとして横井氏が監修をつとめた「GUNPEY」が発売された。　※幻の家庭用「ドライブゲーム」は1966年。

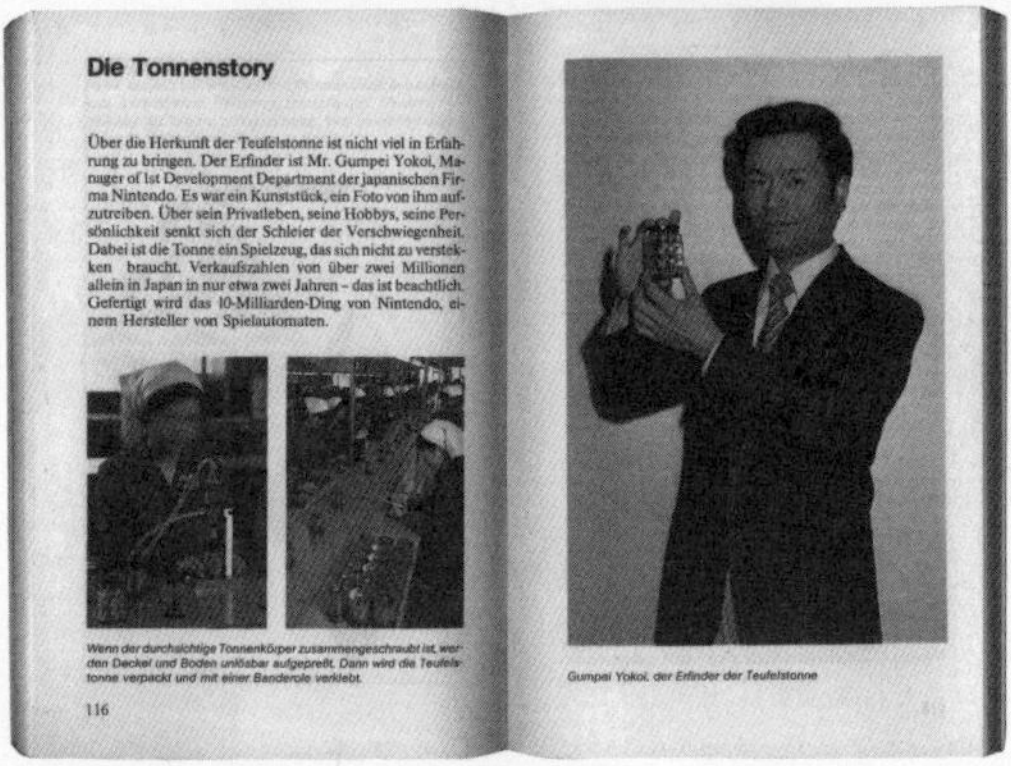

Die Tonnenstory

Über die Herkunft der Teufelstonne ist nicht viel in Erfahrung zu bringen. Der Erfinder ist Mr. Gumpei Yokoi, Manager of 1st Development Department der japanischen Firma Nintendo. Es war ein Kunststück, ein Foto von ihm aufzutreiben. Über sein Privatleben, seine Hobbys, seine Persönlichkeit senkt sich der Schleier der Verschwiegenheit. Dabei ist die Tonne ein Spielzeug, das sich nicht zu verstekken braucht. Verkaufszahlen von über zwei Millionen allein in Japan in nur etwa zwei Jahren – das ist beachtlich. Gefertigt wird das 10-Milliarden-Ding von Nintendo, einem Hersteller von Spielautomaten.

Wenn der durchsichtige Tonnenkörper zusammengeschraubt ist, werden Deckel und Boden unlösbar aufgepreßt. Dann wird die Teufelstonne verpackt und mit einer Banderole verklebt.

116

Gumpei Yokoi, der Erfinder der Teufelstonne

（56ページ）テンビリオンの紹介記事

Tom Werneck, *Zauberpyramide (teufelstower-tower- trikki 4)*

Heyne München 1981

プロフィール

インタビュー・構成
牧野武文（まきの・たけふみ）
ITジャーナリスト。ITビジネスやデジタル機器について、消費者や生活の視点から論じる。著書に『インターネット社会の幻想』（アルク新書）、『グラフはこう読む！悪魔の技法』（三修社）、『Macの知恵の実』（毎日コミュニケーションズ）、『Googleの正体』（毎日コミュニケーションズ）など。

年表協力・図版提供
山崎功（やまざき・いさお）
任天堂アーカイブプロジェクト（個人サイト）
http://happy-today.org/nintendo/

協力
坂上聡之（さかがみ・さとし）
吉祥寺「メテオ」
http://super-meteor.com/

本文イラスト　東京ピストル

横井軍平ゲーム館
RETURNS
ゲームボーイを生んだ発想力

2010年 6月30日　初版発行
2010年11月15日　第3刷

著者　横井軍平
　　　牧野武文
編集　草彅洋平（東京ピストル）
　　　岡澤浩太郎
編集・進行　影山裕樹（フィルムアート社）
デザイン　加藤賢策（東京ピストル）

発行者　籔内康一
発行者　株式会社フィルムアート社
　　　〒150-0022
　　　東京都渋谷区恵比寿南1-20-6 第21荒井ビル
　　　TEL 03-5725-2001 FAX 03-5725-2626

印刷・製本　シナノ印刷株式会社

ISBN978-4-8459-1050-2 C0076